分散式系統設計

Designing Distributed Systems
Patterns and Paradigms for Scalable, Reliable Services

Brendan Burns 著

Rick Hwang（黃冠元） 譯

目錄

前言

誰應該讀這本書

現在這個時代，幾乎所有開發人員都是分散式系統（Distributed Systems）的開發者、使用者，或者兩個都是。就算是一個簡單的手機應用程式，後端也會用到雲端服務的API，所以他們的資料可以在各式各樣的手機上正確呈現。在開發分散式系統經驗上，不管你是新手上路，或者已經是踩雷經驗豐富的專家，這本書描述的模式（Pattern）或者元件（Component），可以協助你的分散式開發從藝術導向到科學。可重複使用的元件或模式的分散式系統，讓你可以專注在主要的核心應用程式。這本書會協助開發人員能更好、更快、更有效率的建立分散式系統。

為什麼我寫這本書

在我的工作生涯中，經歷了各式各樣軟體系統的開發，從網頁的搜尋引擎，到雲端服務，我建立了好幾個大型分散式系統，它們都具備可擴展（Scalable）、且高可靠性（Reliable）的特性。這些系統的每個部分，基本上都是從零開始。一般來說，所有的分散式系統都是如此。儘管在這些經驗中，很多部分已經有很多相同概念，和幾乎一樣的邏輯，但是能夠活用設計模式，或者重複使用元件，通常還是非常、非常有挑戰性的。這迫使我必須花時間重新實作系統，但是每次重做的結果，都不如以前那樣精細。

最近導入的容器（Container）和容器編排（Orchestrators）技術，從根本上改變了分散式系統開發的視野。突然，有了一個物件（Object）和介面（Interface）的視野，可以用來表達分散式系統主要的模式，同時建立可重複使用的容器元件。我寫這本書是為了集結分散式系統的參與人員，提供了共同語言和通用標準庫，讓我們都可以更快、且建立更好的系統。

現今分散式系統的世界

曾幾何時，人們寫的程式跑在一台機器上，也可以從該機器存取。可是世界已經改變，現在幾乎所有的應用程式都是分散式系統，它們跑在很多台機器上，而且使用者可以從世界各地來存取。儘管這樣的分散式系統普遍存在，但它們的設計和開發過程宛如神秘的黑魔法。如同技術領域上的一切，分散式系統的世界不斷地前進、正規化和抽象化。

在本書中，我收集了一系列可重複的通用模式，這些模式不但可以讓分散式系統的開發更加可靠，且更加平易近人且高效率。透過採用模式和可重用元件，開發人員可以一次又一次重新實現相同的系統，然後可以節省這些時間，更專注於建構核心應用程序。

本書架構

本書分為四部分，內容如下：

第一章　簡介

　　介紹分散式系統，解釋為什麼模式（Patterns）和可重用元件（Reusable Components）可以在可靠分散式系統的快速發展中發揮重要作用。

第一篇　單節點模式（*Single-Node Patterns*）

　　第二章到第四章討論分散式系統中單個節點上出現的可重用模式和元件。它涵蓋了邊車（Side-car）、適配器（Adapter）、大使（Ambassador）三個單節點模式。

第二篇　服務模式（*Serving Patterns*）

　　第八章和第九章介紹了多節點分散式模式，用於 Web 應用程式等長時間運行的服務系統。討論的模式包含：複本（Replicating）、擴展（Scaling）和所有權選舉（Master Election）。

第三篇　批次運算模式（*Batch Computational Patterns*）

　　第十章至第十二章介紹分散式系統模式，用於大規模批次資料處理程序，涵蓋工作佇列（Work Queues）、基於事件驅動的處理（Event-based Processing）和協調工作流程（Coordinated Workflows）。

如果你是一位經驗豐富的分散式系統工程師，你可以跳過前幾章。當然，你可以透過瀏覽前面的章節，了解我們如何應用這些模式，以及為什麼我們認為分散式系統模式的一般概念是很重要的。

每個人都可能在單節點模式中受益，因為它們是本書中最通用和最可重用的模式。

依據目標和有興趣開發的系統，可以選擇針對像是大規模的大數據模式（Big Data Patterns），或長時間運行的伺服器模式（或兩者）。這兩部分在很大程度上是相互獨立的，可以按任意順序閱讀。

同樣的，如果已經擁有豐富的分散式系統經驗，可能會發現前面某幾個模式章節（例如在第二篇的名稱、發現和負載平衡）與你已知的比起來，會是多餘的，因此請隨意翻閱瀏覽，以提升更高層次的見解—但不要忘記看看所有漂亮的圖片！

本書編排慣例

本書使用以下的編排規則：

斜體字（*Italic*）

　　用來表達新詞彙、網址、電子郵件、檔案名稱、副檔名。中文以楷體表示。

定寬字（`Constant width`）

　　用來表示程式列表，也在文章段落中表示程式元素，像是變數、或者函式的名稱、資料庫、資料型別、環境變數、陳述式以及關鍵字。

定寬粗體字（**`Constant width bold`**）

　　用來顯示指令（commands）或者其他由使用者輸入的文字。

定寬斜體字（*`Constant width italic`*）

　　代表應換成使用者提供的值，或依上下文而決定的值。

 這個圖示代表提示、建議或者一般說明。

 這個圖示代表警告、注意事項。

線上資源

雖然本書描述了通用分散式系統的應用模式，但預期讀者熟悉容器和容器編排系統。

在此之前，如果你缺乏相關知識，可以參考以下資源：

- *https://docker.io*
- *https://kubernetes.io*
- *https://dcos.io*

使用範例程式

本書的補充資料（範例程式碼、練習程式等）可以在此處下載：

https://github.com/brendandburns/designing-distributed-systems

本書的目的是協助你完成工作。書中的範例程式碼，你都可以引用到自己的程式和文件中。除非你要公開重現絕大部份的程式碼內容，否則無需向我們提出引用許可。舉例來說，自行撰寫程式並引用本書的程式碼片段，並不需要授權。但如果想要將 O'Reilly 書籍的範例製成光碟來銷售或散佈，就絕對需要我們的授權。引用本書的內容與範例程式碼來回答問題不需要取得授權許可，但是將本書中的大量程式碼納入自己的產品文件，則需要取得授權。

雖然沒有強制要求，但如果你在引用時能標明出處，我們會非常感激。出處一般包含書名、作者、出版社和 ISBN。例如：「*Designing Distributed Systems* by Brendan Burns (O'Reilly). Copyright 2018 Brendan Burns, 978-1-491-98364-5.」。

如果你覺得自己對程式碼範例的使用範圍，已超出合理使用或上述許可範圍，歡迎隨時與我們聯繫：*permissions@oreilly.com*。

致謝

感謝我的妻子 Robin 和孩子們，他們做的一切讓我保有快樂的心情和敏捷的思緒。也非常感謝那些願意花時間幫助我學習這一切的人們，還要感謝我的父母送我的第一台 SE/30 譯註。

譯註　　Macintosh SE/30：*https://en.wikipedia.org/wiki/Macintosh_SE/30*

## 第一章

簡介

現今世界中，要達到服務不中斷的應用程式和API，他們必須具備了可用性（Availability）和可靠性（Reliability）的需求。在幾十年前，這樣的需求僅需要處理幾個全球範圍的關鍵任務。同樣的，服務的成長速度如病毒般快速擴散，這表示每個應用程式必須被建置成趨近於即時滿足使用者需求。這些限制和需求代表著大部分的應用程式，無論它是個消費行動應用，或者是後端付款流程，都必須變成分散式系統。

但是建置分散式系統極具挑戰性，這種建置通常是一次性的客製方案。分散式系統的開發與以往物件導向的開發，有驚人的相似之處。還好隨著物件導向語言的發展，相關技術大大降低了建置分散式系統的困難度。在這樣的狀況，容器（Container）和容器編排器（Container Orchestrators）普及程度不斷地提高。如同物件在物件導向編程（Object-Oriented Programming）裡的概念一樣，這些容器化建構模組，是開發可重用模組和模式的基礎，可以大幅簡化和建構可靠的分散式系統的實踐。底下簡單介紹帶我們走向今天的開發歷史。

系統開發簡史

一開始，有些機器是為特定目的被開發出來，例如計算火砲表或潮汐、破解密碼[譯註1]，或其他需要精確、複雜，但卻是死記、硬背的數學應用。然後，這些帶有目的性而發明的機器，最後演變成通用性質、可程式化的機器。最後，原本只能一次跑一個程式，演化成在單一台有分時作業系統（Time-sharing Operating Systems）的機器上，同時跑多個程式，而且這些機器基本上是獨立運行的。

[譯註1] 艾倫‧圖靈（Alan Turing）是英國的計算機科學家、數學家、邏輯學家、密碼分析學。他在二戰期間發明的圖靈機（Turing Machine）用來分析、破解德軍情報密碼，幫助盟軍贏得許多重要戰役，獲得最後的勝利。

逐漸地，機器和網路連結在一起，主、從架構誕生了，因此辦公桌上低功率的機器可以利用另一個房間或建築物中的高功率大型主機（Mainframe）^{譯註 2}。雖然這種主從架構程式比為單個機器編寫程式要複雜一些，但就理解上來講，它仍然相當簡單，就是：客戶端送出請求、伺服器為這些請求提供服務。

在二十一世紀初期，由網路和數千台相對低成本的商用計算機，組成的大型資料中心聯網在一起，導致了分散式系統（*Distributed Systems*）的廣泛發展。與主從架構不同，分散式系統應用程式，由運行在不同機器上的多個不同應用程式組成，或者，運行在不同機器上的多個複本（Replicas）組成，所有這些應用程式一起通訊，以實現像網頁搜尋或零售電子商務平台這樣的系統。

由於它們的分散式特性，如果結構合理，分散式系統本質上會更加可靠。當架構性正確時，可以為建立這些系統的軟體工程團隊，帶來更多可擴展的組織模型^{譯註 3}。可惜的是，這些優勢需要付出代價。這些分散式系統的設計、建構和偵錯可能會更加複雜。建構可靠的分散式系統所需的工程技能，遠遠高於建構手機應用或網頁前端等單機應用程式所需的技能。無論如何，對可靠分散式系統的需求只會繼續增長。因此，對於建構的工具、模式和實踐將有相對應的需求。

所幸，現在有許多技術可以幫助你建置分散式系統。由於容器（Containers）、容器映像（Container Images）和容器編排器（Container Orchestrators）是建構可靠分散式系統的基礎和建構區塊（Building Blocks），所以在這幾年蔚為風行。使用容器和容器編排作為基礎，我們可以建立模式和可重用元件。這些模式和元件是我們可以用來更可靠、更高效地建構系統的工具包。

軟體開發模式簡史

在軟體業，這不是第一次出現這種轉變。為了瞭解模式、實踐和可重用元件，如何重塑系統開發的前因後果，回顧過往曾經發生類似的轉變會很有幫助。

譯註 2　大型主機（Mainframe）是從 IBM 的 System/360 開始的集中式企業級計算機，主要以 COBOL 語言為主，同時可以執行虛擬機器。

譯註 3　康威定律（Conway's Law），軟體產品的架構（Software Product Architecture）與專案團隊的組織架構（Project Team Structure）是有關係的、是相互影響的，而其影響的關鍵就在於溝通模式。

演算法編程的正規化

在 1962 年之前，人們已經編寫了十多年的計算機程式，電腦科學家高德納（Donald Knuth）譯註 4 的系列作品：**計算機編程藝術**（*The Art of Computer Programming*）譯註 5，標誌著計算機科學發展的重要里程碑。特別是，這系列所包含的演算法，不是為任何特定計算機設計的，而是為了向讀者介紹演算法本身。

這些演算法可以適應所使用機器的特定架構，或讀者正在解決的具體問題。這種正規化是非常重要的，因為它為用戶提供了用於建構他們程式的共享工具包（Shared Toolkit），但它也顯示程式員應該學習，並隨後應用於各種不同情境的通用概念。演算法都是值得理解的，因為它自己能獨立於任何要解決的具體問題。

物件導向編程的模式

高德納的書是程式設計思想中的重要里程碑，演算法描述計算機程式設計發展的重要組成部分。然而，隨著程式的複雜性增加，編寫單個程式的人數，從數位增加到數十位，最終增加到數千位，顯然程序性編程語言和演算法，已經無法滿足現代化編程的任務。由於這些計算機編程的改變，導致了物件導向程式語言的發展，這提高了計算機程式開發中的演算法對等於的資料、可重用性和可擴展性。

針對計算機程式的這些變化，程式的模式（Patterns）和實踐方法（Practices）也發生了變化。整個 1990 年代初至中期，有關物件導向編程模式的書籍大量湧現。其中最著名的是 Erich Gamma 等人的「四人幫」（Gang of Four, GoF）的設計模式：**可重用物件導向編程的元素**（*Design Patterns: Elements of Resuable Object-Oriented Programming*，Addison-Wesley Professional）。

設計模式為編程任務提供了一個共同的語言和框架。它描述了一系列基於介面（Interface-based）的模式，可以在各種環境中重用。由於物件導向編程和特定介面的進步，這些模式也可以作為通用、可重用函式庫來實現。這些函式庫可以由社群的開發者編寫一次，並重複使用，節省時間並提高可靠性。

譯註 4　高德納（Donald Knuth）為著名電腦科學家、史丹福大學電腦系榮譽退休教授、1974 年圖靈獎得主。

譯註 5　計算機編程藝術（The Art of Computer Programming）系列共出版了 Volume 1-4A 四冊，還有 4B-7 還沒完成。

開放原始碼的興起

儘管共享原始碼的開發者的概念自計算之初就已經出現，而自 1980 年代中期以來，正式的免費軟體組織已經存在[譯註6]，但是在 1990 年代末和二十一世紀時，開源軟體開發和發佈的數量急遽增加。

雖然開源只與分散式系統模式的發展有關，但在開源社群的努力之下，一般軟體還有特定分散式系統的發展，變得越來越清楚，這在某種意義上是非常重要的。很重要的是，本書描述的基礎模式，這些使用的容器技術，都來自於開源軟體。從社群觀點看來，用設計模式來描述和改進分散式開發的實踐，它的價值會特別清楚。

 什麼是分散式系統的模式？有很多類似的說明告訴你如何安裝特定的分散式系統（像是 NoSQL 資料庫）。此外，還有特定系統集合的方式（Recipes），像是 MEAN 系統[譯註7]。但是當我提到模式時，指的是組織分散式系統的一般藍圖（blueprint），而不強制任何特定的技術或應用程式選擇。模式的目的是提供一般建議或結構來引導設計。希望這種模式能夠引導你的思維，並且廣泛的用於各種應用和環境。

模式、實踐和元件的價值

在花寶貴的時間，閱讀一些我聲稱會改善開發實踐的模式、教你新的技能之前，請面對這樣的題目：改變你的生活，合理的問：「為什麼？」，是什麼樣的設計模式和實踐可以改變我們設計和建構軟體的方式？在這一節中，我將闡述我認為這是一個重要主題的原因，並希望說服你繼續閱讀本書的其餘部分。

站在巨人的肩膀上

作為一個起點，分散式系統模式的價值是提供一個類比站在巨人肩膀上的機會。我們解決的問題，或建構的系統是獨一無二的情況很少。最終，放在一起的組合，和整個軟體所帶來的商業模式，可能是全世界從未見過的。但是，系統的建構方式以及所面臨的問題，過程期待的價值並不是新鮮事，像是可靠性、敏捷和可擴展性等。

譯註6　自由軟體基金會（Free Software Foundation），由 Richard Stallman 在 1985 年創立，主要發展 GNU 計畫。

譯註7　MEAN Stack 指的是 MongoDB、Express、AngularJS、NodeJS 四種 Web 應用的整合開發技術。

那麼，這就是模式的第一個價值：允許從別人的錯誤中學習。也許你以前從未建構過分散式系統，或者你從未建構過這種類型的分散式系統。與其希望一位同事在這方面有些經驗，或者透過犯錯來學習，不如以模式作為你的指導。

學習分散式系統開發的模式，與學習計算機程式設計中的其他最佳實踐相同。它可以加速建構軟體的能力，而不需要直接了解系統、犯錯，而且動手學習就可馬上針對設計模式編寫程式碼。

討論我們實踐的共享語言

了解並加速我們對分散式系統的理解，只是擁有一組共享模式的第一個價值。即使對於已經很好地理解它們的經驗豐富的分散式系統開發人員，模式也有價值。模式提供了一個共享詞彙，使我們能夠快速了解對方。這種理解構成了知識共享和進一步學習的基礎。

為了更好地理解這一點，假設我們都使用相同的物件（Object）來建造我們的房子。我稱這個物件為 "Foo"，而你把這個物件稱為「Bar」。我們要花費多長時間爭論 Foo 的價值與 Bar 的價值，或者試圖解釋 Foo 和 Bar 的不同屬性，直到達成共識為止。只有當我們確定 Foo 和 Bar 都一樣時，才能真正開始互相學習。

沒有一個共同的詞彙表，我們浪費時間來討論「暴力共識」^{譯註 8}，或解釋其他人理解但用另一個名字知道的概念。因此，模式的另一個重要價值是提供一組通用的名稱和定義，以便我們不浪費時間擔心命名，而是正確地討論核心概念的細節和實現。

我在使用容器不算長的時間內就已經遇到這種情況。一路走來，**邊車容器**（*Sidecar Container*，參閱本書第二章）的概念在容器社群中佔了一席之地。正因如此，我們不必再花時間去定義它是什麼意思，而是直接討論如何使用這個概念來解決問題。「如果我們只是使用邊車」，「是的，只要有容器我們就可以用了」。這個例子衍生了模式的第三個價值：建構可重用元件。

共享元件以實現輕鬆重用

除了使人們能夠從別人身上學習，並提供用於討論建構系統藝術的共享詞彙，模式為計算機編程提供了另一個重要工具：識別只需要實作一次共用元件的能力。

譯註 8　暴力共識（Violent Agreement）指兩個各持己見的人，卻沒有意識到他們其實有相同的共識。

如果我們必須自己撰寫所有的程式，那麼任務是永遠無法完成的。今天，如果不是成千上萬人的努力，那麼每個系統的完成將花上成千上萬年。

作業系統、印表機驅動程式、分散式資料庫、容器執行環境（Container Runtime）和容器編排器（Container Orchestrators）的程式碼——事實上，我們今天建構的整個應用程式，都是使用可重用的共享函式庫和元件所建構的。

模式是定義和開發這些可重用元件的基礎。演算法的正規化，導致可重用的排序和其他規範演算法的實現，以介面為基礎（Interface-based）的識別模式因此產生一系列通用、且為物件導向函式庫實作。

辨別分散式系統的核心模式，讓我們能夠建構共享的通用元件。將這些模式的實作，封裝成容器映像檔，然後介面以 HTTP 為基礎，這代表它們可以在許多不同的程式語言中被重複使用。當然，建構可重用元件可以提高每個元件的品質，因為共享程式碼庫可以充分利用這些元件來識別錯誤和弱點，並提供足夠的關注以確保它們得到修復。

小結

分散式系統需要實踐當代計算機程式的可靠性、敏捷性和可擴展性。但分散式系統設計依舊像是專業人士的黑魔法，不是一般人可以使用的科學。一般設計模式和實踐的建立已經規範並改進了演算法開發和物件導向編程的實踐。本書的目標是為分散式系統做同樣的事情。請享用！

單節點模式

本書考量使用分散式系統這樣的應用服務，它由很多不同的元件、跑在不同的機器所組成。不過第一部分將專門探討單節點（Single Node）的模式。這樣的想法很簡單，因為容器是這本書的基礎建構區塊，不過在最後部分，在單台機器上的容器群集，將是會構成分散式系統模式的最小原子（Atomic Elements）^{譯註 1}。

動機

為何你要將分散式應用程式，分解為運行在不同機器上的不同容器集合，或者是把元件分解成不同的容器，跑在單一台機器上的理由雖然很清楚，但要了解使用容器集群背後的動機，就必須先思考容器化背後的目的。通常，容器的目的是因為要清楚資源的範圍，例如應用程式需要兩個內核、8GB 的記憶體。同時，也清楚描繪了團隊的權責，例如該團隊擁有該映像檔。最後，邊界也隱含了關注分離這件事情，例如，這個映像檔做這一件事情。

基於上述的理由，因此有了這樣的動機：將一個應用程式拆分到一台機器上的容器群集。首先考慮資源的隔離性（Isolation）。你的應用程式可能由兩個元件組成：一個是面對用戶的應用程式伺服器，另一個是背景配置文件加載器（Loader）。顯然的，面對終端用戶的請求延遲（Latency）是第一優先的，所以終端使用者應用程式必須有足夠的資源，確保服務能夠快速回應。另一方面，背景配置加載器大多時候維持最佳的服務狀態，如果終端用戶有高請求時它有一些些延遲，這時候系統依舊可以正常運作。

---

^{譯註 1}　資料庫（RDBMS）四大特性 ACID，原子性（Atomic）是資料庫的特性之一，泛指事務交易的結果必須是全部完成，或者是全部恢復（Rollback）。

同樣，背景配置載入器（Configuration Loader）不應該影響終端使用者接收的服務品質。基於上述所有的原因，你會想要把面對終端用戶的服務，和背景分片載入器（Shard Loader）切分到不同的容器。這種允許將不同資源的需求、優先序附加到兩個不同的容器，例如，確認背景載入器有機會從終端用戶服務竊取執行週期，無論是輕量負載或者是執行週期處於空閒。還有，當如果有因記憶體洩漏（Memory Leak）或者使用過量造成的資源競爭時，為兩個容器拆分資源需求，可以確保背景載入器比終端用戶服務先被刪除（Terminated）。

除了資源隔離之外，還有其他原因可將單節點應用程式拆分為多個容器。考慮團隊任務的彈性：有充分的理由相信理想的團隊規模是六到八人。為了以這種方式建構團隊，並且依舊建置重要的系統，我們需要讓每個團隊擁有小、而且專注的目標。此外，通常一些元件是可重複使用的模組，經過適當的考量，可以讓多團隊使用。例如，考慮讓本地文件系統與 Git 源程式碼庫保持同步的任務。如果將此 Git 同步工具作為單獨的容器來建置，那麼將可以在 PHP、HTML、JavaScript、Python 和眾多其他 Web 服務環境中重複使用它。如果你將每個環境都視為單個容器，例如 Python 運行時和 Git 同步不可分割地綁定，那麼這種模組化重用（以及擁有該可重用模組的相對應小團隊）是不可能的。

最後，即使應用程式很小，而且所有容器都由單一團隊所擁有，但關注分割性可讓應用程式容易理解，並且可以輕鬆進行測試、更新和部署。小型，有專注點的應用程式更容易理解，而且與其他系統的耦合度（Coupling）更少。這意味著，你可以只部署 Git 同步容器，同時不需要重新部署應用程式伺服器，達成具有較少依賴性和較小範圍的部署。這反過來會導致更可靠的部署（和回滾），從而在部署應用程式時帶來更大的靈活度與彈性。

小結

希望這些例子能讓你考慮將應用程式（即使是單個節點上的應用程式）分解為多個容器。以下章節描述的一些模式，可以幫助並引導你在建構容器群集的模組化（Modular Groups of Containers）。與多節點分散式模式相比，所有模式都假設模式中所有容器之間的緊密依賴關係。特別是，他們認為模式中的所有容器都可以可靠地共同調度到一台機器上。

他們還假設在模式中的所有容器，都可以選擇共享其文件系統的磁碟或部分，以及網路名稱空間和共享記憶體.等其他關鍵容器資源。這種緊密的分組在 Kubernetes[1] 中被稱為 pod，這個概念也適用於其他容器協調者，只是支援程度有所不同。

---

[1]　Kubernetes（*https://kubernetes.io/*）是一個開源系統，提供容器化應用程式的自動化部屬、擴展和管理。請參閱我的另一本書：《Kubernetes: 建置與執行》

## 第二章

邊車模式

第一個單節點模式是邊車模式（Sidecar）^{譯註 1}。邊車模式是由兩個容器組成的單節點模式。第一個是**應用程式容器**（*Application Container*），包含應用程式的核心邏輯，沒有這個容器，應用程式將不存在。除應用程式容器外，還有一個**邊車容器**（*Sidecar Container*）。邊車的作用是加強和改進應用程式容器，通常沒有應用程式容器的商業邏輯（知識）。用一個最簡單的形式來說，原本的應用程式容器可能很難改進功能，使用邊車容器可以用來增加功能。邊車模式容器透過原子性**容器群組**（*Container Group*），在同一台計算機上共同調度，例如 Kubernetes 中的 pod API 物件。除了安排在同一台機器上，應用程式容器和邊車容器共享了一些資源，包含部分的檔案系統、主機名稱、網路、還有其他名稱空間（Namespace）。圖 2-1 描述了邊車模式的樣子：

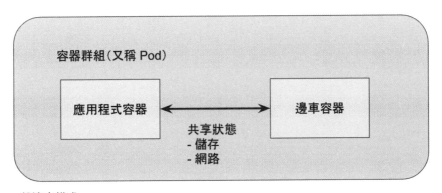

圖 2-1　一般邊車模式

譯註 1　Sidecar 可以翻成側車或邊車，這模式也叫做搭檔、伴侶、跟班模式。

邊車模式範例：讓遺留服務支援 HTTPS

假設有個遺留 Web 服務^{譯註2}。當初建置時，內部網路安全並非公司優先考量的重點，因此，應用程式僅透過未加密的 HTTP 來處理請求，而不是 HTTPS。由於最近的資安事件，公司要求所有網站需要走 HTTPS。

因為這個應用程式的原始碼，是用舊的建置系統建置的，但那個系統已經無法運作，所以要求使用 HTTPS 的需求，加遽了這個團隊的痛苦。將這樣的 HTTP 應用程式容器化並不難，只要能讓這個舊服務在使用舊版 Linux 套件的容器運行即可。不過，要增加 HTTPS 到這個應用程式顯然是有難度的。當建議使用邊車模式可以更容易解決問題的同時，開發團隊正在抉擇是否將遺留的系統復活，同時把應用程式原始碼移植到新版本作業系統。

邊車模式在這種情況下的應用是很直覺的。遺留 Web 服務只配置服務本地端（127.0.0.1），表示只有共享本地網路的服務，才能夠存取這個服務。通常，這不是實際的選擇，因為這表示沒有人可以存取這個 Web 服務。在這種舊的容器使用邊車模式，我們會增加 nginx 邊車容器。

這個 nginx 容器與遺留 Web 應用程式跑在同一個網路的命名空間，因此，它可以存取遺留 Web 應用程式。這時候，nginx 服務可以中斷外部 HTTPS 的流量，然後將流量轉導到遺留 Web 應用程式（見圖 2-2）。因為未加密傳輸流量僅透過容器群組內部的迴路（loopback），所以這樣的資料安全性是滿足網路安全團隊的要求。同樣的，透過使用邊車模式，團隊已經可以對應用程式進行現代化的改造，而且不需要重新弄清楚如何建立應用 HTTPS 應用服務。

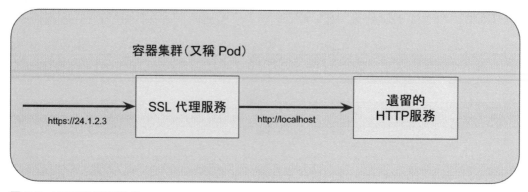

圖 2-2　HTTPS 邊車模式

---

^{譯註2}　Legacy 中文為遺留、遺產之意，也可以用老舊、古老、過往相關詞代替，口語習慣使用英文，文字則用「遺留」或保留不翻。

邊車動態配置

邊車模式的應用不僅止於簡單代理流量到既有的應用程式，另一個常見的例子是同步應用程式的配置（Configuration Synchronization）。很多應用程式使用配置檔做應用程式的參數化，配置檔可能是一個純文字檔，或者像是 XML、JSON 或 YAML 這類具備結構化文件。很多既存的應用程式都假設這些檔案已經儲存在檔案系統，然後都會從中讀取配置。不過在雲端時代的環境，應用程式通常都會使用 API 作配置的更新。這允許透過 API 動態更新配置資訊，而不是手動登錄到每台機器，使用指令更新配置檔。

類似這樣的 API，驅動像是易用性和增加配置還原（rollback）這種自動化功能，使得配置（以及重新配置）將變得更加安全和簡單。

類似於 HTTPS 的案例，新的應用程式，可以設計成預期從雲端 API 取得動態屬性配置[譯註3]，但是調整和更新既有的應用程式可能會很有挑戰。還好邊車模式可以在不改變既有應用程式之下，提供新功能來增強遺留應用程式。圖 2-3 表示這樣的邊車模式，同樣的有兩個容器，一個容器是應用程式，另一個則是配置管理。這兩個容器組成一個容器群組，它們之間共享著一個目錄，配置檔被維護在這個目錄。

當遺留應用程式啟動的時候，如預期的，它將從檔案系統載入配置檔。當配置管理員啟動，他會檢查配置 API，同時檢查存在本地檔案系統和儲存在 API 配置的差異。如果這兩者有差異，配置管理器將下載新的配置，儲存到共享的檔案系統，然後送出一個訊息給應用程式，告訴它要重新載入配置文件。這種通知的實際機制因應用而異。當其他應用程式回應 SIGHUP[譯註4] 訊息的時候，有些應用程式會偵測配置檔的變更。極端的狀況之下，配置管理器可能會送一個 SIGKIL[譯註5] 訊號來放棄既有應用程式。一旦放棄，容器配置系統將會重啟應用程式，此時新的容器將會載入新的配置。跟既有的應用程式增加 HTTPS 一樣，這個模式描述如何讓既有的應用程式，利用邊車模式來適應雲端應用的場景。

[譯註3] 實踐的方式可以透過服務發現（Service Discovery），同時取得服務的動態配置。

[譯註4] SIGHUP 信號，是 Signal Hang Up 的縮寫，是 UNIX 程序的中止信號。

[譯註5] SIGKIL 信號，是 Signal Kill 的縮寫，讓程序立即終止。

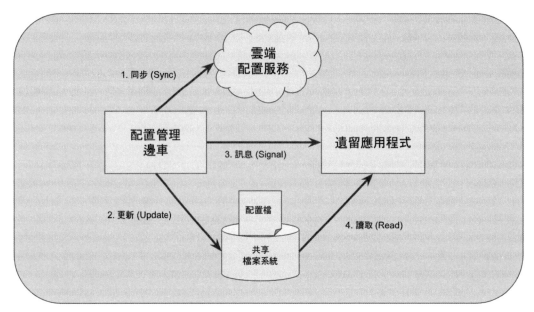

圖 2-3　邊車模式在動態配置管理的應用

模組化應用程式容器

到目前為止，你可能會認為邊車模式存在的唯一理由，是為了適應遺留應用程式，而不希望再對原始碼進行修改，這是可以理解的。前述案例是這個模式最常見的應用，還有其他使用邊車模式設計事物的動機。其中一個使用邊車模式的優點是用邊車作為模組化和元件的重用。在部署任何實際、可靠的應用程式時，你會需要除錯、管理其他應用程式的功能，像是獲取在容器中資源的所有不同程序，類似於 top 指令。

提供這種自省的一種方法，就是要求每個開發者實現一個 HTTP /topz 介面來提供資源使用情況的讀數。為了讓這件事情更容易實踐，可以實現一個 webhook 作為某個語言特定的延伸套件，開發人員可以直接串接到他們的應用程式。但即使以這種方式完成，開發人員也不得不選擇將其串接起來，並且組織將被迫為其想要支援的每種語言實現介面。除非採用極端嚴謹的做法，否則這種方法必然導致各種語言之間的差異，以及在使用新語言時缺乏對功能的支援。相反的做法，這個 topz 功能可以部署一個應用程式容器，這個應用程式容器是一個共享程序 ID（PID）名稱空間的邊車容器。這個 topz 容器可以反應所有正在運行的程序，並且提供一致的使用者介面。此外，你可以使用編排系統自動將此容器增加到透過編排系統部署的所有應用程式，以確保為基礎結構中運行的所有應用程式提供了一組可用的工具。

當然，對於任何技術的選擇，這種基於模組化容器的模式，和把自己的程式碼一個一個部署到應用程式之間，是有取捨的。基於函式庫的方法總是依據應用程式的具體情況客製。這表示著它的效能可能較低，或者 API 可能要調整適應環境。我會比較這些取捨折衷，類似於與購買現成服裝與客製服裝之間的區別。客製的時尚將永遠適合你，但它需要更長的時間才能取得，花費更多。與衣服一樣，對於我們大多數人來說，在程式碼方面購買更通用的解決方案是合理的。當然，如果你的應用程式需要極高的效能，那可以隨時選擇自行開發解決方案。

實作：部署 topz 容器

為了看到 topz 邊車的實踐，你首先需要部署其他容器作為應用程式容器。選擇你正在運行的現有應用程式並使用 Docker 進行部署：

```
$ docker run -d <my-app-image>
<container-hash-value>
```

當執行該容器映像檔之後，將收到該特定容器的識別代號，它看起來像這樣：cccf82b85000... 如果沒有看到它，可以使用 docker ps 指令查看識別代號，它將顯示所有目前正在運行的容器。假設你已將該值儲存在名為 APP_ID 的環境變數中，則可以使用以下命令在相同的 PID 名稱空間中運行 topz 容器：

```
$ docker run --pid=container:${APP_ID} \
    -p 8080:8080 \
    brendanburns/topz:db0fa58 \
    /server --addr=0.0.0.0:8080
```

這將在與應用程式容器相同的 PID 名稱空間中啟動 topz 邊車容器。請注意，如果你的應用程式容器也在通訊埠 8080 上運行，可能需要更改邊車容器用於提供服務的通訊埠。一旦邊車容器開始執行，就可以存取 *http://localhost:8080/topz* 以獲得在應用程式容器中運行中，完整的程序及其資源使用情況。你可以將此邊車與任何其他現有容器混合，以便輕鬆了解容器如何透過 Web 介面使用其資源。

用邊車建構簡單的 PaaS 服務

邊車模式可以用於更多適應性和監控。它也可以作為一種手段，以簡化模組的方式為應用程式實現完整的邏輯。舉個例子，想像一下建構一個圍繞 git 工作流建構的簡單平台即服務（Platform as a Service, PaaS）。一旦部署了 PaaS，只需將新程式碼推送到 Git 儲存庫，就可以將程式碼部署到正在運行的伺服器上。我們將看到邊車模式如何使這個 PaaS 非常簡單直觀。

如前所述，在邊車模式中有兩個容器：主應用容器和邊車。在這個 PaaS 應用程式中，主容器是用 Node.js 實現的 Web 伺服器。Node.js 伺服器進行了檢測，以便在更新文件時自動重新加載伺服器。這是使用 nodemon（*https://nodemon.io*）工具完成的。

邊車容器與主應用程式容器共用同樣的檔案系統，並執行迴圈程序，這個程序同步 Git 儲存庫與本地的檔案系統：

```
#!/bin/bash

while true; do
  git pull
  sleep 10
done
```

為了提高這個例子的可讀性，讓程式維持簡單的形式。實際上這個腳本可能更複雜，像是從一個特定的分支取得程式碼，而不是直接從 HEAD 取得。

Node.js 應用程式和 Git 同步邊車共同安排並部署在一起以實現我們簡單的 PaaS（圖 2-4）。一旦部署完畢，每次將新程式碼推送到 Git 儲存庫時，程式碼都會由邊車自動更新並由伺服器重新加載。

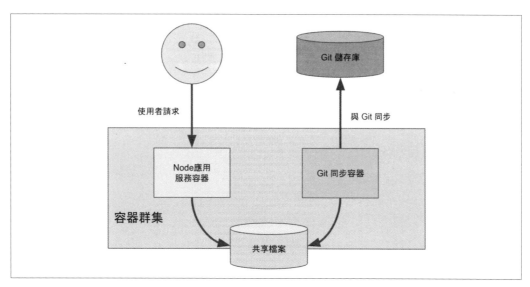

圖 2-4　簡易邊車基礎的 PaaS 服務

設計用於模組化和可重用性的邊車

在本章我們詳細介紹的所有邊車實例中，最重要的主題是每個都是模組化的、可重用的產出物。要順利使用，邊車應該可以在各種應用和部署中重複使用。實踐模組化重用，邊車模式會顯著加速應用程式的建構。

但是，這種模組化和可重用性，就像在高品質軟體開發中實現模組化一樣，需要專注和紀律。特別是需要專注發展的三個領域：

- 參數化你的容器
- 建立容器的 API 介面
- 記錄你的容器的操作

參數化容器

參數化容器是你可以做的最重要的事情，使容器模組化並且可重用，無論它們是否是邊車，儘管邊車和其他附加容器對參數化特別重要。

當我說「參數化」時，我的意思是什麼？在你的程式中，把容器當作一個函數。這個函式有多少個參數？每個參數代表一個輸入，可以為特定情況客製通用容器。以先前部署的 SSL 附加邊車為例，一般而言，它可能至少需要兩個參數：第一個是用於提供 SSL 憑證的名稱，另一個是在本地主機上運行的 "legacy" 應用程式伺服器的通訊埠。沒有這些參數，很難想像這個邊車容器可用於各種應用。本章介紹的所有其他邊車都有類似的參數。

現在知道想要公開的參數，如何將它公開給使用者，以及如何在容器內使用它們。有兩種方式可以將這些參數傳遞給容器：透過環境變數或指令列。儘管兩者都可行，但我偏好透過環境變數傳遞參數。將這些參數傳遞給邊車容器的例子是：

```
docker run -e=PORT=<port> -d <image>
```

當然，將值傳遞給容器只是使用的一部分。另一部分實際上是在容器內部使用這些變數。通常，會使用簡單的腳本來載入邊車容器提供的環境變數，並且調整配置文件或對基礎應用程式進行參數化設定。

例如，你可能會將憑證路徑和 port 作為環境變數傳遞：

```
docker run -e=PROXY_PORT=8080 -e=CERTIFICATE_PATH=/path/to/cert.crt ...
```

在容器中，可以使用這些變數來配置 nginx.conf 檔，該檔案將 Web 伺服器指向正確的檔案和代理位置。

定義每個容器的 API

由於你正在對容器進行參數化，顯然地，容器就會被當成「函數」，無論這容器是否正在執行都會被呼叫。該功能顯然是由容器定義的 API 的一部分，但該 API 還有其他部分，包括容器對其他服務的調用以及容器提供的傳統 HTTP 或其他 API。

在考慮定義模組化、可重用容器時，重要的是要意識到：容器如何與外界進行互動的樣貌，將會是 API 一部分，此 API 是由可重用容器所定義。與微服務世界一樣，這些微容器（micro-container）依靠 API 來確保主應用容器和邊車之間存在乾淨的分離。同樣，邊車容器有清楚的 API，讓邊車的開發人員能夠更快地前進（並期望能進行單元測試），因為在邊車模式中，部分服務是有清晰的定義。

要看到這個 API 表面區域為什麼重要的具體範例，回頭看看我們之前討論過的配置管理邊車。這個邊車的一個有用的配置可能叫做 UPDATE_FREQUENCY，它表示配置與檔案系統同步的頻率。如果之後的時間，某人將參數名稱更改為 UPDATE_PERIOD，這改動將違反邊車的 API，很明顯，某些用戶會因此受到影響。

雖然這個例子很明顯，但更細微的變化會破壞邊車 API。例如，想像一下 UPDATE_FREQUENCY 這個參數原本把數字單位當成是秒。隨著時間的推移和來自使用者的反饋，邊車開發人員確定，將大的時間數值單位（例如分鐘）指定為秒會是擾人的，然後開發人員就將參數數值改為接受字串（像是：10m、5s 等）。因為舊的參數值（例如 10 代表 10 秒）不會在這個新的方案中被解析，所以這是一個突然的 API 改變。假設開發人員仍然預料到這一點，但是在沒有單位的情況下將值解析為毫秒，在這之前是解析為秒。即使這種改變沒有導致錯誤，但是，對於邊車來說是個破壞 API 的改變，因為它將導致更頻繁的配置檢查，以及在雲端配置伺服器上更多的負載。我希望這個討論向你呈現對於真正的模組化，你需要非常清楚你的邊車提供的 API，並且對該 API「破壞」更改可能並不是像更改參數名稱那樣明顯。

為你的容器準備使用說明

到目前為止，你已經知道如何參數化你的邊車容器，讓它們模組化和可重用。你已經了解了維護一個穩定的 API 的重要性，以確保不會因為用戶破壞了邊車。但是，建構模組化、可重複使用的容器還有最後一步：確保其他人知道如何使用。

與軟體函式庫一樣，建構真正有用的東西，關鍵是解釋如何使用它。如果沒有人能夠弄清楚如何使用，那麼建構彈性、可靠的模組化容器就沒有什麼用了。可惜的是，很少有正式的工具可用於文件化容器映像檔，但有些最佳實踐可以用來完成。

以容器映像來說，最主要的文件就是容器建置檔：Dockerfile。有一些 Dockerfile 已經描述了容器的工作方式。其中一個例子是 EXPOSE 指令，它表示容器映像檔會開啟的 port。即使 EXPOSE 不是必需的，將它包含在 Dockerfile 中也是一種很好的做法，並且增加說明來解釋在該 port 上正在監聽的內容。例如：

```
...

# 主要 Web 伺服器跑在 8080 port
EXPOSE 8080

...
```

此外，如果使用環境變數來對容器進行參數化，則可以使用 ENV 指令為這些參數設置預設值，和記錄其用法：

```
...

# PROXY_PORT 參數描述 localhost 將會轉導流量的 port
ENV PROXY_PORT 8000
...
```

最後，你一定要使用 LABEL 指令為容器映像檔增加 metadata。例如，維護者的電子郵件位址、網頁和映像檔版本：

```
...

LABEL "org.label-schema.vendor"="name@company.com"
LABEL "org.label.url"="http://images.company.com/my-cool-image"
LABEL "org.label-schema.version"="1.0.3"
...
```

這些標籤的名稱來自 Label Schema 專案（*http://label-schema.org/rc1*）建立的模式。這個專案正在努力建立一套共享、通用的標籤。透過使用圖像標籤的通用分類標準，多種不同的工具可以依靠相同的元訊息來可視化、監控和正確使用應用程式。透過採用共享條款，你可以使用社群開發的任意工具，不需要修改容器映像檔。當然，你還可以在容器映像檔上下文中增加其他的標籤。

小結

本章介紹了將容器組合在一台機器上的邊車模式。在邊車模式中，邊車容器透過增加和擴展應用程式容器的方式來增加功能。

當更改應用程式的成本過高時，邊車可用於更新現有的遺留應用程式。同時，它可以用來建立模組化的實用容器，這個容器是共用功能的標準實作。這些實用程序容器可以在大量應用程式中重用，從而提高一致性並降低開發每個應用程式的成本。隨後的章節介紹了其他單節點模式，示範模組化可重用容器的其他用途。

## 第三章

大使模式

上一章介紹了邊車模式，這個模式增加一個容器到既有的容器，增加其功能。本章介紹大使模式（Ambassador Pattern），它代替應用程式容器與其他世界的服務做互動。與其他單節點模式一樣，這兩個容器緊密連接在單一台機器，它們在這台機器裡緊密且共存。圖 3-1 顯示了這種模式的典型樣式：

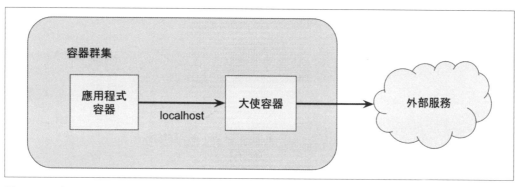

圖 3-1　一般大使模式

大使模式的價值是雙重的。首先，如同其他單節點模式一樣，建置模組化、可重複使用的容器也具有內在價值。關注點的分離使容器更容易建立和維護。同樣，大使容器可以重複使用許多不同的應用程式容器。這種重用加快了應用程式的開發，因為容器的程式碼可以在很多地方重複使用。此外，實作更為一致，品質更好，因為它是一次性建置，可用於許多不同的環境。

本章其餘部分提供了大量使用大使模式來實現一系列實際應用程式的範例。

用大使模式分片一個服務

有時候，想儲存在儲存層的資料，對單一台機器來講變得很大。在這種情況下，需要分割、拆分儲存層。分片（Sharding）將儲存層分成多個不重複的部分，每個部分都由一台獨立的機器管理。本章重點在介紹一種單一節點模式，這個節點用來與存放在世界上某個地方的分片服務（Sharded Service）進行通訊。不討論如何把分片服務放入既有的服務。分片和多節點分片服務設計模式將在第六章中詳細討論。圖 3-2 顯示了分片服務的示意圖。

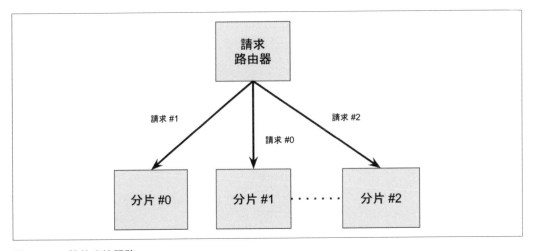

圖 3-2　一般的分片服務

當部署分片服務時，出現的一個問題是：分片服務如何整合前端（Frontend）、中介程式（Middleware）所儲存的資料。很顯然，需要邏輯將特定的請求路由到特定的分片，但通常很難將這種分片客戶端改裝為現有的原始程式碼，這些程式碼需要連接到單個儲存後端。此外，分片服務會讓開發環境（通常只有單一儲存分片）和正式環境[譯註1]（通常存在多個儲存分片）之間共享配置變得困難。

一種方法是將所有的分片邏輯建立到分片服務本身中。在這種方法中，分片服務還具有無狀態負載平衡器（Stateless Load Balancer），可將流量引導至對應的分片。實際上，這個負載平衡器是一個分散式大使即服務（Distributed Ambassador as a Service）。這使得客戶端大使變得不必要了，因為分片服務的部署更加複雜。另一種方法是在客戶端整

[譯註1]　Production Environment 直譯是生產環境，在軟體開發與其對應的是測試環境，所以本書譯為正式環境。

合單節點大使，將流量路由到合適的分片。這會讓部署客戶端稍微複雜一些，但簡化了分片服務的部署。正如權衡總是這樣，要根據實際應用的具體情況，來確定哪種方法最有意義。需要考慮的因素，包括團隊組織如何與架構對齊，以及正在編寫程式碼的位置，而不是直接部署現成的軟體。所以這兩者的選擇都是有效的。以下部分介紹如何使用單節點大使模式，應用在客戶端的分片服務。

在把現有應用程式分配到分片的後端應用時，可以導入一個大使容器，其中包含將請求路由到相對應儲存分片所需的所有邏輯。因此，前端或中介應用程式（Middleware Application）只會連結到在本地（localhost）執行的單一個儲存後端服務。但是，該伺服器實際上是一個分片大使代理（*Sharding Ambassador Proxy*），它接收來自你的應用程式程式碼的所有請求，將請求發送到對應的儲存分片，然後將結果返回給你的應用程式。圖 3-3 顯示此大使模式的使用狀況。

將大使模式應用於分片服務的最終結果是：應用程式容器和分片大使代理之間的分離問題。前者應用程式容器只知道需要與儲存服務溝通，並且在 localhost 發現該服務；後者分片大使代理僅包含能執行適度分片功能的程式碼。就像所有好的單節點模式一樣，這個大使可以在許多不同的應用程式之間重複使用。或者，正如我們將在下面的實例中看到的那樣，大使可以使用現成的開源實現，加快整個分散式系統的開發。

實作：Redis 分片服務

Redis 是個高速的 key-value 儲存服務，可用作快取（Cache）或永續儲存（Persistent Storage）。在這個例子中，我們將使用它作為快取服務。我們將首先將分片 Redis 服務部署到 Kubernetes 集群。我們將使用 StatefulSet API 物件進行部署，因為它會為我們配置代理時可以使用的每個分片提供唯一的 DNS 名稱。

Redis 的 StatefulSet 看起來像這樣：

```
apiVersion: apps/v1beta1
kind: StatefulSet
metadata:
  name: sharded-redis
spec:
  serviceName: "redis"
  replicas: 3
  template:
    metadata:
      labels:
        app: redis
```

```
  spec:
    terminationGracePeriodSeconds: 10
    containers:
    - name: redis
      image: redis
      ports:
      - containerPort: 6379
        name: redis
```

把它儲存到一個檔案，名稱：*redis-shards.yaml*，可以用這段指令部署：kubectl create -f redis-shards.yaml。它將開啟三個 redis 容器。使用這段指令取得資訊：kubectl get pods，會看到類似這訊息：sharded-redis-[0,1,2]。

當然，只執行複製複本（replica）是不夠的，還需要複本的名字，未來可以參照。在這種情況下，將使用 Kubernetes Service 建立複本的 DNS 名稱。該 Service 物件如下所示：

```
apiVersion: v1
kind: Service
metadata:
  name: redis
  labels:
    app: redis
spec:
  ports:
  - port: 6379
    name: redis
  clusterIP: None
  selector:
    app: redis
```

儲存這些內容，檔名為：*redis-service.yaml*，然後並使用這段指令部署：kubectl create -f redis-service.yaml。現在應該有 DNS 的資料 sharded-redis-0.redis、sharded-redis-1.redis。我們可以使用這些名稱來配置 twemproxy。twemproxy 是一個輕量級、高效能的 memcached 和 Redis 代理服務，最初由 Twitter 開發，它是開源的，可以在 GitHub 上找到（*https://github.com/twitter/twemproxy*）。我們可以將 twemproxy 配置為指向 replica，使用以下配置建立複本：

```
redis:
  listen: 127.0.0.1:6379
  hash: fnv1a_64
  distribution: ketama
  auto_eject_hosts: true
  redis: true
  timeout: 400
```

```
server_retry_timeout: 2000
server_failure_limit: 1
servers:
 - sharded-redis-0.redis:6379:1
 - sharded-redis-1.redis:6379:1
 - sharded-redis-2.redis:6379:1
```

在這個配置中，可以看到 Redis 協議在 localhost:6379 服務，應用程式容器以此可以存取大使容器。我們將使用我們可以建立的 Kubernetes ConfigMap 物件將其部署到大使 pod 中：

```
kubectl create configmap twem-config --from-file=./nutcracker.yaml
```

最後，所有的準備工作都已完成，我們可以部署大使範例。定義一個 pod 如下所示：

```
apiVersion: v1
kind: Pod
metadata:
  name: ambassador-example
spec:
  containers:
    # 這是應用程式容器的例子
    # - name: nginx
    #   image: nginx
    # 這是大使容器
    - name: twemproxy
      image: ganomede/twemproxy
      command: [ "nutcracker", "-c", "/etc/config/nutcracker.yaml", "-v", "7", "-s", "6222" ]
      volumeMounts:
      - name: config-volume
        mountPath: /etc/config
  volumes:
    - name: config-volume
      configMap:
        name: twem-config
```

這個 pod 定義了大使，那麼可以注入特定用戶的應用程式容器來完成該容器。

用大使做服務仲介

當試圖在多個環境（例如，公共雲、實體資料中心、或者私有雲）上呈現應用程式移植性時，其中一個主要挑戰是**服務發現**（*Service Discovery*）和**配置管理**（*Configuration Management*）。為了理解這意味著什麼，設想一個前端應用，它的資料儲存依賴 MySQL 資料庫。在公有雲中，這種 MySQL 服務可能以軟體即服務（SaaS）的形式提供，而在私有雲中，可能需要動態啟動運行 MySQL 的新虛擬機或容器。

因此，建置一個可移植的應用程式，需要應用程式知道如何反映它的環境並找到適當的 MySQL 服務來連接。此過程稱為**服務發現**，執行此發現和鏈接的系統通常稱為**服務仲介**（*Service Broker*）。與前面的例子一樣，大使模式使系統能夠將應用程式容器的邏輯，與服務仲介大使的邏輯分開。應用程式總是連接到在本地主機上執行的服務實例（例如 MySQL）。服務仲介大使有責任反映其環境並調解適當的聯繫。這個過程如圖 3-3 所示。

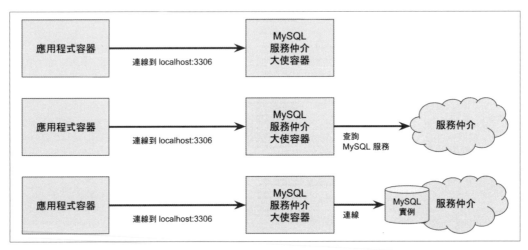

圖 3-3　建立 MySQL 服務的服務仲介大使

使用大使進行實驗或者請求分流

大使模式的最後一個範例應用是執行實驗或其他形式的請求分流。在許多正式系統中，能夠執行請求分流是有好處的，其中一部分請求不會被送到主要的正式服務（Production Service），反而是被轉導到用不同方式實踐的服務。大多數的例子，這使用在執行服務新的版本或 beta 版的實驗，用來確認新版本是否與舊版本是可靠，或者效能的比較。

此外，請求分流有時用於 tee 或分流流量，讓所有流量都進入正式系統以及更新的、未部署版本。正式系統的回應將返回給使用者端，而來自 tee-d 服務的回應將被忽略。通常，這種請求分流形式用於模擬新版本服務的正式環境的負載，而不會對現有正式用戶造成影響。

根據前面的範例，可以很直觀地看到請求分流大使如何與應用程式容器交互以實現請求分流。與以前一樣，應用程式容器只需連接到 localhost 上的服務，而大使容器接收請求，代理對生產和實驗系統的響應，然後返回生產響應，就好像它已經執行了工作本身一樣。

這種關注的分離，使得每個容器中的程式碼都變得更加細緻和專注，而應用程式的模組化因式分解確保了請求分離大使可以重用於各種不同的應用程式和設置。

實作：10% 分流實驗

為了實現我們的請求分流實驗，我們將使用 nginx web 伺服器。nginx 是個強大、功能豐富的開源伺服器。要將 nginx 配置為大使，我們將使用以下配置（請注意，這是針對 HTTP，但它也可以容易的應用於 HTTPS）。

```
worker_processes  5;
error_log  error.log;
pid        nginx.pid;
worker_rlimit_nofile 8192;

events {
  worker_connections  1024;
}

http {
    upstream backend {
        ip_hash;
        server web weight=9;
```

```
            server experiment;
        }

        server {
            listen localhost:80;
            location / {
                proxy_pass http://backend;
            }
        }
    }
```

 與之前關於分片服務的討論一樣，也可以將實驗框架作為單獨的微服務，部署在應用程式的前端，而不是將其作為客戶端 pod 的一部分進行整合。當然，透過這些作法的同時，你也正在導入另一項需要額外維護、擴展和監控的服務。如果實驗可能是架構中的一個長期元件，那麼這可能是值得的。如果偶爾使用它，那麼客戶端大使可能會更有意義。

你會注意到我在這個配置中使用了 IP 雜湊法（IP hashing）。這很重要，因為它確保用戶不會在實驗和主站點之間來回觸發。這可以確保每個使用者都有一致的應用程式體驗。

weight 參數用於將 90% 的流量發送到主要既有的應用程式，而 10% 的流量重導到實驗組。

如同其他範例，我們將在 Kubernetes 中將此配置作為 ConfigMap 物件進行部署：

```
kubectl create configmaps --from-file=nginx.conf
```

當然，這假設你已經定義了 web 和實驗組服務。如果不這樣做，你需要在建立大使容器之前建立它們，因為如果 nginx 找不到它所代理的服務，nginx 無法啟動它。以下是一些服務配置的範例：

```
# 這是 "實驗性" 服務
apiVersion: v1
kind: Service
metadata:
  name: experiment
  labels:
    app: experiment
spec:
  ports:
  - port: 80
    name: web
```

```
    selector:
      # 調整 selector 以符合你的應用程式的 label
      app: experiment
---
# 這是 "正式" 服務
apiVersion: v1
kind: Service
metadata:
  name: web
  labels:
      app: web
spec:
  ports:
  - port: 80
    name: web
  selector:
    # 調整這個 selector 以符合你的應用程式的 label
    app: web
```

然後我們將 nginx 本身當作 pod 中的大使容器：

```
apiVersion: v1
kind: Pod
metadata:
  name: experiment-example
spec:
  containers:
    # 例如，這是應用程式要使用的容器
    # - name: some-name
    #   image: some-image
    # 這是大使容器
    - name: nginx
      image: nginx
      volumeMounts:
      - name: config-volume
        mountPath: /etc/nginx
  volumes:
    - name: config-volume
      configMap:
        name: experiment-config
```

你可以新增第二個（或第三、第四個）容器到 pod 裡，以獲得大使模式的優點。

## 第四章

適配器

在前面的章節中，我們看到了邊車模式（Sidecar）如何擴展和擴充現有的應用程式容器。我們還了解了大使（Ambassadors）如何改變和管理應用程式容器與外部世界的通訊方式。本章介紹最後的單節點模式：適配器（*Adapter*）模式。在適配器模式中，**適配器容器**（*Adapter Container*）用於修改應用程式容器的介面，以使其符合所有應用程式所需的某些預定義介面。例如，適配器可以確保應用程式實現一致的監視介面。或者它可以確保始終將日誌文件寫入標準輸出（stdout）或任何其他協議的。

真實世界的應用程式開發是種異質性的混合行動。應用程式的某些部分可能是由團隊從頭開始編寫的，部分由供應商提供，部分由現成的開源軟體和自行編譯的二進位檔組成。這種異質性的淨效應^{譯註 1}，會讓你部署的任何實際應用程式，都將使用各種語言編寫，具有各種日誌記錄、監控和其他通用服務。

但是，要有效地監視和運作應用程式，需要有通用介面。當每個應用程式使用不同的格式和介面提供指標（Metrics）時，很難在一個地方收集所有指標，然後進行可視化和警報。這是適配器模式相關的地方。與其他單節點模式一樣，適配器模式由模組化容器組成。不同的應用程式容器可以呈現許多不同的監視介面，而適配器容器可以適應這種異質性結構，以呈現一致的介面。這讓你可以部署單一工具，用來提供單一介面。圖 4-1說明了這種一般的模式。

譯註 1　net effect：淨效應。已經考慮過事務的正、反面作用後，所做的最後評論。

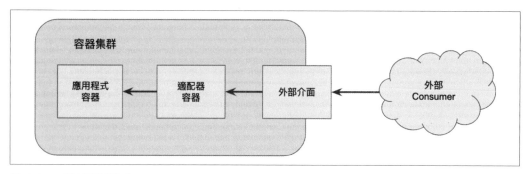

圖 4-1　一般適配器模式

本章節接下來的部分提供不同適配器的應用程式場景。

監控

在監控軟體時,你需要一個單一的方法,能夠自動探索和監控部署到環境中的應用程式。為了實現這一點,每個應用程式都必須實現相同的監視介面。有許多標準化監控介面的範例,例如 syslog、Windows 上的事件追蹤(etw)、JMX for Java 應用程式以及許多其他協議和介面。然而,這些每一個在通訊協議以及通訊方法(push 與 pull)方面都是獨一無二的。

可惜的是,分散式系統中的應用程式,可能涵蓋從你寫的程式碼,到現成的開源元件的全部範圍。因此,你將發現自己擁有各種不同的監控介面,你需要將這些介面彙整於一個易於理解的系統中。

還好大多數監控解決方案都知道它們需要廣泛應用,因此已經實作了各種擴充套件,可以將一種監控格式適用於通用介面。有了這套工具,要如何以彈性和穩定的方式部署和管理應用程式?適配器模式可以為我們提供答案。將適配器模式應用於監視,我們看到應用程式容器只是我們要監視的。適配器容器包含了用於將應用程式容器公開的監視介面,轉換為通用監視系統所期望的介面工具。

以這種方式解耦系統,使得系統更易於理解、可維護。推出新版本的應用程式不需要推出監控適配器。另外,監視容器可以與多個不同的應用程式容器一起重用。監視容器甚至可以由獨立於應用程式開發者的監視系統維護者提供。最後,將監視適配器部署為單獨的容器,以確保每個容器在 CPU 和記憶體方面都獲得自己的專用資源。這可確保行為不當的監控適配器不會導致客戶端服務出現問題。

實作：使用 Prometheus 做監控服務

以使用 Prometheus [譯註 2] 開源專案（https://prometheus.io）監控容器為例。Prometheus 是一個監控聚合器（Monitoring Aggregator），負責收集指標並將它們聚合到一個時間序列（Time-Series）資料庫中。在此資料庫之上，Prometheus 提供可視化和查詢語言，用於內部自己收集的指標。為了從各種不同的系統中收集指標，Prometheus 希望每個容器都公開一個特定的 metrics API。這使 Prometheus 能夠透過單一介面監控各種不同的程序。

但是，很多流行的程式，像是 Redis key-value 儲存，不會匯出與 Prometheus 相容的指標。因此，適配器模式對於獲取 Redis 等現有服務並使其適應 Prometheus 指標集合介面非常有用。

在 Kubernetes pod 裡，以一個 Redis 伺服器為例，簡單定義如下：

```
apiVersion: v1
kind: Pod
metadata:
  name: adapter-example
  namespace: default
spec:
  containers:
  - image: redis
    name: redis
```

此時，此容器無法被 Prometheus 監視，因為它不會匯出正確的介面。但是，如果我們只是增加一個適配器容器（在這個案例中，是一個開源的 Prometheus exporter），我們可以修改此 pod 以導出正確的介面，從而使其適應 Prometheus 的期望：

```
apiVersion: v1
kind: Pod
metadata:
  name: adapter-example
  namespace: default
spec:
  containers:
  - image: redis
    name: redis
  # 提供實作 Prometheus 介面的 adapter
  - image: oliver006/redis_exporter
    name: adapter
```

譯註 2　Prometheus：普羅米修斯，希臘神話泰坦神族的神明之一，名字的意思是「先見之明」。

此範例不僅說明了用於確保一致介面的適配器模式的值,還說明了模組化容器重用的容器模式的值。在這種情況下,顯示的案例將現有的 Redis 容器與現有的 Prometheus 適配器組合在一起。淨效應是一個可監視的 Redis 伺服器,我們很少部署它。在沒有適配器模式的情況下,相同的部署將需要更多的自定義工作,並且會導致可操作性更低的解決方案,因為對 Redis 或適配器的任何更新,都需要時間來更新應用。

Logging

與監控非常相似,系統如何將資料記錄到輸出串流(Output Stream)中,有著各式各樣的異質性。系統可能會將日誌劃分為不同的層級(例如 debug、info、warning 和 error),每個層級都會存入不同的文件。有些人可能只是登錄到 stdout 和 stderr。這在容器應用程式的世界中特別會是問題,因為通常期望容器將日誌寫到 stdout,可以使用像是 docker logs 或 kubectl logs 之類的指令。

增加進一步的複雜性,記錄的訊息通常具有結構化訊息(例如,日誌的日期 / 時間),但是該訊息在不同的日誌庫之間變化很大(例如,Java 的內置日誌記錄與 Go 的 glog)。

當然,在儲存和查詢分散式系統的日誌時,通常並不真正在乎日誌格式的差異。你希望確保儘管資料的結構不同,但每個日誌都會以適當的時間戳結束。

還好與監控一樣,適配器模式可以幫助為這兩種情況提供模組化、可重用的設計。雖然應用程式容器可能會記錄到檔案,但適配器容器可以將該檔案重定向到 stdout。不同的應用程式容器可以用不同的格式記錄訊息,但適配器容器可以將該資料轉換為可由日誌聚合器使用的單個結構化表示。再一次的,適配器在應用程式之間建立了共同介面,用以處理異質性、形成同質性。

 在使用適配器模式時經常出現的一個問題是:為什麼不直接修改應用程式容器本身?如果你是負責應用程式容器的開發人員,這可能是一個很好的解決方案。調整程式碼或容器以實現一致的介面是可行的。但是,如果我們正在重新使用另一方生產的容器,這種狀況下,導致我們必須稍微修改和維護映像檔(patch、rebase 等),這會比開發一起運行的適配器容器映像檔還要付出更多成本。此外,將適配器從應用程式容器中解構出來,讓它們有了共享與重用的可能性,這在修改應用單一程式容器時是不可能的。

實作：使用 Fluentd 正規化不同的日誌格式

適配器的一個常見任務是將日誌指標標準化為標準事件集合。許多不同的應用程式具有不同的輸出格式，但你可以透過部署方法，為適配器的標準日誌工具，把它們標準化為一致的格式。在此例子中，我們將使用 fluentd 監控代理程式，以及用一些社群支援的延伸套件取得各種不同的 log 資料源頭。

fluentd（*https://fluentd.org*）是其中極受歡迎的一套開源日誌代理程式。它的主要功能是一組豐富的社群支援延伸套件，這些延伸套件可以在監控各種應用程式時提供極大的靈活性。

我們將監控的第一個應用程式是 Redis。Redis 是一個很受歡迎的鍵值儲存服務（key-value store），SLOWLOG 是它提供的命令之一。此命令列出超出特定時間間隔的最近查詢。這些訊息在偵錯應用程式效能時非常有用。可是，SLOWLOG 只能在 Redis 伺服器上的命令提供，這表示如果出現問題時，有人沒有正常偵錯伺服器，將導致很難回顧曾經使用的指令。要解決此限制，我們可以使用 fluentd 和適配器模式將 slow-query 日誌記錄增加到 Redis。

因此，使用適配器模式將 redis 容器作為主應用程式容器，將 fluentd 容器作為適配器容器使用。在這種情況下，還將使用 fluent-plugin-redis-slowlog（*https://github.com/mominosin/fluent-plugin-redis-slowlog*）fluentd 的延伸套件來監聽慢查詢（slow query）。可以使用以下程式碼配置此延伸套件：

```
<source>
  type redis_slowlog
  host localhost
  port 6379
  tag redis.slowlog
</source>
```

因為使用適配器並且容器共享網路命名空間（Share Network Namespace），所以配置日誌記錄只使用 localhost 和預設的 Redis 通訊埠（6379）。因為有適配器模式的應用，所以無論何時想要偵錯 Redis 慢查詢，logging 會因此一直保持是可用的。

來自 Apache Storm（*https://storm.apache.org*）系統，可以執行類似的日誌監控練習。同樣，Storm 透過 RESTful API 提供的資料很有用，但如果出問題的時候，我們沒有正在監控系統，那麼這功能就會有局限性。跟 Redis 一樣，我們可以使用 fluentd 的適配器將 Storm 程序轉換為可查詢日誌的時間序列。為此，我們部署了一個 fluentd 適配器，並啟用了 fluent-plugin-storm 延伸套件。我們可以使用指向 localhost 的 fluentd 配置來配置此延伸套件（因為我們共享 localhost 的容器群集運行），該延伸套件的配置如下：

```
<source>
  type storm
  tag storm
  url http://localhost:8080
  window 600
  sys 0
</source>
```

增加健康檢查監控

最後一個適配器模式的應用範例，來自於監視應用程式容器的運行狀況。假設監控任務是監視現成資料庫容器運行的健康狀況。在這種情況下，資料庫容器由資料庫專案提供，我們寧願不修改該容器只是為了增加健康檢查。當然，容器協調器將允許我們增加簡單的運行狀況檢查以確保程序正在運行並且它正在偵聽特定通訊埠，但是如果我們想要增加更豐富的運行狀況檢查來實際運行針對資料庫的查詢呢？

像 Kubernetes 這樣的容器編排系統使我們能夠使用 shell 腳本作為健康檢查。有了這個功能，我們就可以編寫一個豐富的 shell 腳本，它針對資料庫運行許多不同的診斷查詢，以確定其健康狀況。但是我們在哪裡可以儲存這樣的腳本以及如何對其進行版本化？

現在應該很容易猜到這些問題的答案：我們可以使用適配器容器。資料庫在應用程式容器中運行，並與適配器容器共享網路介面。適配器容器是一個簡單容器，僅包含用於確定資料庫運行狀況的 shell 腳本。然後，可以將此腳本設置為資料庫容器的運行狀況檢查，並可以執行應用程式所需的任何豐富運行狀況檢查。如果這些檢查失敗，資料庫將自動重新啟動。

實作：為 MySQL 增加細緻的健康檢查

假設你希望在 MySQL 資料庫上增加深度監視，實際運行代表工作負載的查詢。在這種情況下，一個選項是更新 MySQL 容器，這容器包含特定於應用程式的執行狀況檢查。然而，這通常是個想法沒有吸引力，因為它要求你修改一些現有的 MySQL 基礎映像檔，而且當 MySQL 發布新的映像檔時，你需要再次更新該映像檔。

使用適配器模式是一種更有吸引力的方法，可以將健康檢查增加到資料庫容器中。你可以預先存在的 MySQL 容器增加一個額外的適配器容器，而不是修改現有的 MySQL 容器，該容器運行對應的查詢來測試資料庫運行狀況。由於此適配器容器實現了預期的 HTTP 運行狀況檢查，它只是根據此資料庫適配器公開的介面定義 MySQL 資料庫程序的運行狀況檢查。

這個適配器的源程式碼相對簡單，在 Go 中看起來像這樣（儘管其他語言實現也很簡單）：

```go
package main

import (
        "database/sql"
        "flag"
        "fmt"
        "net/http"

        _ "github.com/go-sql-driver/mysql"
)

var (
        user   = flag.String("user", "", "The database user name")
        passwd = flag.String("password", "", "The database password")
        db     = flag.String("database", "", "The database to connect to")
        query  = flag.String("query", "", "The test query")
        addr   = flag.String("address", "localhost:8080",
                               "The address to listen on")
)

// Basic usage:
//    db-check --query="SELECT * from my-cool-table" \
//            --user=bdburns \
//            --passwd="you wish"
//
func main() {
        flag.Parse()
        db, err := sql.Open("localhost",
                               fmt.Sprintf("%s:%s@/%s", *user, *passwd, *db))
        if err != nil {
                fmt.Printf("Error opening database: %v", err)
        }

  // Simple web handler that runs the query
        http.HandleFunc("", func(res http.ResponseWriter, req *http.Request) {
                _, err := db.Exec(*query)
```

```
                    if err != nil {
                            res.WriteHeader(http.StatusInternalServerError)
                            res.Write([]byte(err.Error()))
                            return
                    }
                    res.WriteHeader(http.StatusOK)
                    res.Write([]byte("OK"))
                    return
            })
    // Startup the server
            http.ListenAndServe(*addr, nil)
    }
```

然後我們可以將它建置成一個容器映像,並將其放入一個看起來如下的 pod:

```
apiVersion: v1
kind: Pod
metadata:
  name: adapter-example-health
  namespace: default
spec:
  containers:
  - image: mysql
    name: mysql
  - image: brendanburns/mysql-adapter
    name: adapter
```

這樣,mysql 容器沒有改變,但仍然可以從適配器容器獲得有關 mysql 伺服器健康狀況的所需回饋。

在查看適配器模式的這個應用程式時,看起來應用該模式似乎是多餘的。顯然,我們可以建置自己的自定義映像檔,知道如何檢查 mysql 實例本身。

雖然這是事實,但這種方法忽略了模組化帶來的強大好處。如果每個開發人員都使用內建的運行狀況檢查來實現自己的容器,則無法重用或共享。

相反,如果我們使用像適配器這樣的模式,開發由多個容器組成的模組化解決方案,那麼這項工作本質上是分離的,並且更容易共享。開發用於健康檢查 mysql 的適配器是一個可以被各種人共享和重用的模組。此外,人們可以使用此共享運行狀況檢查容器來應用適配器模式,而無需深入了解如何對 mysql 資料庫進行運行狀況檢查。因此,模組化和適配器模式不僅可以促進共享,還可以使人們能夠利用他人的知識。

有時，設計模式不僅適用於應用它們的開發人員，而且還可以促進社群的發展，這些社群可以在社群成員以及更廣泛的開發人員生態系統之間進行協作和共享解決方案。

## 第二篇

服務模式

前面的章節介紹在同一台機器上安排的容器集合進行分組的模式。這些群體是緊密耦合（Tightly Coupled）的共生系統。它們依賴於本地共享資源，如磁碟、網路介面或行程間通訊（Inter-Process Communication）^{譯註 1}。這種容器集合是重要的模式，同時也是大型系統的建構區塊。可靠性、可擴展性和關注點分離表明真實世界的系統是由許多不同的元件建構的，分散在多台機器上。與單節點模式相比，多節點分散式模式更鬆耦合（Loosely Coupled）。雖然模式規定了元件之間的通訊模式，但此通訊基於網路呼叫。此外，許多呼叫是平行的，系統透過鬆散同步而非緊密約束進行協調。

簡介微服務

最近，微服務（*Microservices*）一詞已成為描述多節點分散式軟體架構的流行術語（buzzword）。微服務描述了一個系統，該系統由在不同程序中運行的許多不同元件構成，並透過定義的 API 進行通訊。微服務與單體系統（*Monolithic Systems*）形成鮮明對比，單體系統傾向於將服務的所有功能放在一個緊密協調的應用程式中。這兩種不同的架構方法如圖 II-1 和 II-2 所示。

譯註 1　行程間通訊（Inter-Process Communication），簡稱 IPC，指至少兩個行程或執行緒間傳送資料或者訊號的技術或方法。

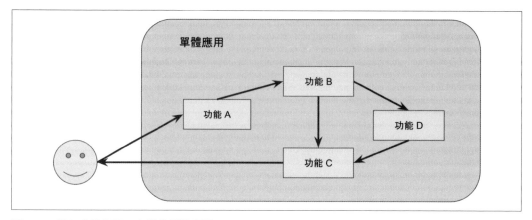

圖 II-1　所有功能在單一容器的單體服務

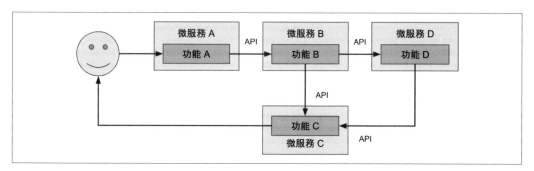

圖 II-2　每個功能在個別微服務的微服務架構

微服務方法有許多好處，其中大多數都以可靠性（Reliability）和彈性（Agility）為中心。微服務將應用程式拆分為較小的片段，每個程式都專注於提供單一服務。這種縮小的範圍使每個服務都能由一個 "兩個披薩" [譯註2] 團隊建置和維護。減少團隊規模還可以減少與團隊保持關注，並向一個方向移動減少不必要的成本。

此外，在不同的微服務之間導入規格化的 API，會解構團隊，並在不同的服務之間提供可靠的約定。此規格化約定減少了團隊之間緊密同步的需要，因為提供 API 的團隊了解保持穩定所需的區域，使用 API 的團隊可以依賴穩定的服務而不必擔心其細節。這種分離使團隊能夠獨立管理他們的程式碼和發佈時間表，從而提高每個團隊迭代和改進程式碼的能力。

[譯註2]　由 Amazon 創辦人 Jeff Bezos 提出，不論會議、還是工作團隊組成，都不超過兩個披薩能餵飽的人數。

最後，微服務的解耦可以實現更好的擴展能力。因為每個元件都已分解為自己的服務，所以它可以獨立擴展。較大應用程序中的每個服務很少以相同的速率增長，或者具有相同的縮放方式。

有些系統是無狀態的（Stateless），可以直接擴展，而其他系統保持狀態，需要分片或其他擴展方法。透過拆分服務，每個服務可以使用最適合它的擴展方法。當所有服務都是單體架構的一部分時，個別擴展這件事情是不可能的。

但是，微服務方法系統設計當然也有缺點。兩個最主要的缺點：由於系統變得鬆散耦合，因此在發生故障時，除錯系統會變得困難。你不能再直接將單體應用程序，載入到偵錯器中，然後找出哪裡出錯了。任何錯誤出現在不同機器上運行的大量系統的副作用，在偵錯器中重現這種環境非常困難。根據這樣的推論，基於微服務的系統也很難設計和架構的，它使用多種服務之間的通訊方法、不同的模式（如同步、異步、訊息傳遞等）、以及服務之間的多種不同協調和控制模式。

這些挑戰是分散式模式的動機。如果微服務架構由公認的模式（Pattern）組成，則設計更容易，因為許多設計實踐都是由模式指定的。此外，模式可讓系統更易於除錯，因為它們讓開發人員能夠在使用相同模式的多個不同系統中應用經驗教訓。

考慮到這一點，本節介紹了許多用於建置分散式系統的多節點（Multi-Node）模式。這些模式並不相互排斥。任何真實世界的系統都將從這些模式的集合建置，協同工作以生成單個更高級別的應用程序。

## 第五章

複本負載平衡服務

最簡單的分散式模式，也是大多數人熟悉的模式：複本負載平衡服務（Replicated Load-Balanced Service）。在這樣的服務中，每個伺服器實例與其他的都一模一樣，而且這些伺服器能滿足所需要的流量。這樣的模式由可擴展數量的伺服器組成，前面有負載平衡器（Load Balancer）。負載平衡通常是輪詢模式（Round-Robin），或使用某種形式的粘滯會話（Session Stickiness）。本章將提供如何在 Kubernetes 中部署此類服務的實際範例。

無狀態服務

無狀態服務（Stateless Service）是指不需要儲存狀態就能正常運行的服務。在最簡單的無狀態應用程式中，甚至可以將單個請求路由到單獨的服務實例（參見圖 5-1）。無狀態服務的範例包括靜態內容伺服器，還有複雜的中介軟體系統，它們接收和匯集來自眾多不同後端系統的回應。

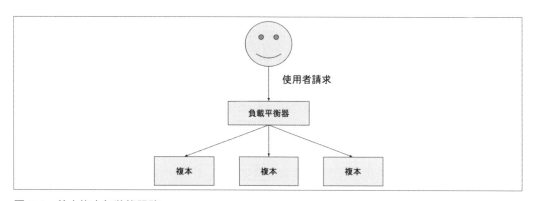

圖 5-1　基本複本無狀態服務

無狀態系統的複本用來提供額外的冗餘（Redundancy）和擴展（Scale）。無論服務有多小，都需要至少兩個複本，才能提供具有「高可用性」（Highly Available）的服務層級協議（SLA）的服務。要了解為什麼是這樣，請嘗試提供三個九，也就是 99.9% 的可用性。在三個九的服務中，每天可以有 1.4 分鐘（24×60×0.001）的停機時間（Downtime）。假設有個不曾故障的服務，但這仍然意味著需要能夠在不到 1.4 分鐘的時間內完成軟體升級，如此才能滿足單個伺服器實例的 SLA。這是假設每天都在進行軟體功能的部署。如果你的團隊已經擁抱持續交付（Continuous Delivery），並且每小時推送一個新版本的軟體，所以需要能夠在 3.6 秒內完成軟體部署，以達到單個實例實現 99.9% 的正常運行時間 SLA。你將因為超過 3.6 秒的停機時間，導致整體停機時間超過 0.01%。

當然，除了所有這些任務之外，可以只用兩個複本提供服務，同時在前面放個負載平衡器。這樣，當你正在進行部署時，或者，在少數的情況下，即使是軟體服務故障損毀，那麼用戶的請求將由另一個複本提供服務，而且不會知道發生了什麼。

隨著服務規模的越來越大，複本也會被複製以支援更多使用者。**水平擴展**（*Horizontally Scalable*）系統透過增加更多複本，用來處理越來越多的用戶，參見圖 5-2。他們透過負載平衡的複製服務模式實現這一目標。

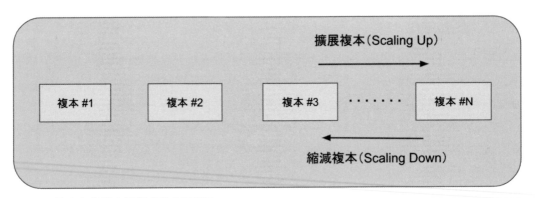

圖 5-2　複本無狀態應用程式的水平擴展

負載平衡就緒探測器

當然，直接複製服務並增加負載平衡器，這只是無狀態複本服務完整模式的一部分。在設計複本服務時，建立和部署用來通知負載平衡器的準備就緒探測器（Readiness Probe），也是很重要的。我們在討論容器編排系統時，已經知道如何使用健康探測器（Health Probe）來確定何時需要重新啟動應用程式。

反之，*Readiness Probe* 則決定應用程式何時準備好服務使用者的請求。這些差異的原因，是因為許多應用程式在開始服務之前，需要一些時間初始化。它們可能需要連接到資料庫，載入額外的延伸套件，或從網路下載相關服務檔案。在這些情境之下，所有的容器都是 *alive*，但都還沒有 *ready*。在為複本服務模式建立應用程式的時候，請確保包含實作 Readiness Probe 所需的特定 URL。

實作：在 Kubernetes 建立複本服務

底下的介紹，提供一個如何在負載平衡器之後，部署無狀態、複本服務的實際範例。這些指示使用 Kubernetes 容器協調器，但該模式可以在許多不同的容器協調器之上實現。

首先，我們將建立一個小型 NodeJS 應用程式，它用來提供字典裡單字的定義。

要嘗試此服務，可以用容器映像檔執行它：

```
docker run -p 8080:8080 brendanburns/dictionary-server
```

這在本地電腦上運行一個簡單的字典服務。例如，可以瀏覽 *http://localhost:8080/dog* 來查詢 *dog* 的定義。

如果查看容器的日誌，會看到它馬上開始提供服務，不過會在完成字典檔的下載後（大約 8 MB），才會回報服務準備就緒。

要在 Kubernetes 中部署它，需要建立一個 Deployment，如下：

```
apiVersion: extensions/v1beta1
kind: Deployment
metadata:
  name: dictionary-server
spec:
  replicas: 3
  template:
    metadata:
      labels:
```

```
      app: dictionary-server
  spec:
    containers:
    - name: server
      image: brendanburns/dictionary-server
      ports:
      - containerPort: 8080
      readinessProbe:
        httpGet:
          path: /ready
          port: 8080
        initialDelaySeconds: 5
        periodSeconds: 5
```

可以用以下指令建立這個複本、無狀態的服務：

```
kubectl create -f dictionary-deploy.yaml
```

現在有了許多複本，接下來需要一個負載平衡器把請求帶給複本服務。負載平衡器用於分配負載流量，以及提供一個抽象化方法，將複本服務與服務的使用者分開。

負載平衡器還提供可解析的名稱，該名稱獨立於任何特定複本。使用 Kubernetes，可以使用 Service 物件建立此負載平衡器：

```
kind: Service
apiVersion: v1
metadata:
  name: dictionary-server-service
spec:
  selector:
    app: dictionary-server
  ports:
    - protocol: TCP
      port: 8080
      targetPort: 8080
```

建立配置檔之後，可以用以下方式建立字典服務：

```
kubectl create -f dictionary-service.yaml
```

會話追蹤服務

前一個無狀態複本模式的範例，把所有使用者的請求路由到所有服務的複本。雖然這確保了負載和容錯（Fault Tolerance）的均勻分佈，但它並不是一直都是首選解決方案。經常會有些原因，希望確保特定用戶的請求，始終在同一台機器上。有時這是因為你把使用者的資料，快取在記憶體裡，因此請求落入同一台計算機，可確保更高的快取命中率（Hit Rate）。

本質上，有時這是因為需要長時間運行的交錯作用，因此在請求之間保持一定量的狀態。無論原因是什麼，無狀態複本服務模式的適應方式，是使用會話追蹤服務（Session Tracked Services），這種方式確保單個用戶的所有請求都對應到同一複本服務，如圖 5-3 所示。

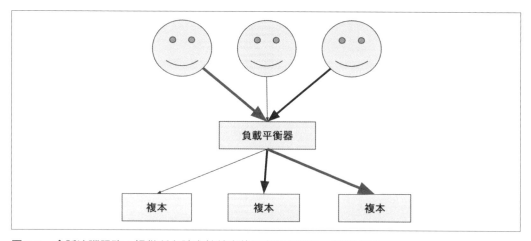

圖 5-3　會話追蹤服務：提供所有請求給特定使用者路由到單一服務實例

一般來說，此類的 Session Tracking 會使用來源和目的 IP 的雜湊值（Hashing），然後使用雜湊值作為伺服器服務請求的識別依據。只要來源和目的 IP 位址維持不變，所有的請求都會送到同樣的複本。

 用 IP 作為 Session Tracking 適合在一個內部叢集服務集群（都是內部 IP），但是一般來說無法與外部位址配合使用，因為需要透過 NAT 轉換一次。外部會話追蹤的追蹤，應用層追蹤（像是使用 cookie）會更適合。

通常，會話追蹤透過**一致雜湊函式**（*Consistent Hashing Function*）完成。一致雜湊函式的好處，會在服務複本的擴展或減少時更加明顯。顯然，當複本的數量改變時，特定的使用者到複本服務的對應也會改變。一致雜湊函式可最大限度地減少實際更改映射到的複本用戶數，從而減少擴展對應用程式的影響。

應用層的複本服務

前面提到的範例中，複本服務和負載平衡都是發生在網路層的服務。負載平衡獨立於實際的協議，這協議在實際的網路層上使用，但不是 TCP/IP。然而，很多應用程式用 HTTP 作為彼此通訊的協定，而且應用程式協議裡的訊息，會因為漸漸的改善，使得讓複本無狀態服務模式有了額外的功能。

簡介快取層服務

有時，無狀態服務中的程式雖然是無狀態的，但依舊需要很多成本。它可能會對資料庫進行查詢然後處理請求，或進行大量轉換，或資料混合處理，才能服務請求。在這樣的情境中，快取層（Cache Layer）可以有很大的意義。快取會在無狀態應用程式和終端使用者請求之間。Web 應用程式最簡單的快取形式是快取 Web 代理。

快取代理是個簡單的 HTTP 伺服器，它把使用者請求保留在記憶體裡。如果有個同樣網頁的使用者請求，那麼只有一個請求會到後端，其他的會在快取取得服務，直到記憶體不足為止。如圖 5-4 所示。

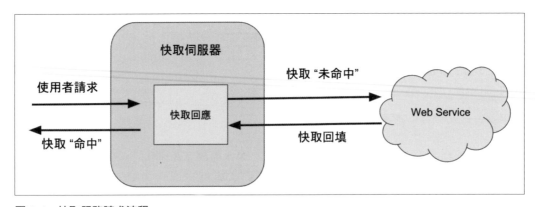

圖 5-4　快取服務請求流程

針對需求，我們將使用這個開源的 Web 快取：Varnish（*https://varnish-cache.org/*）。

部署快取服務

部署 Web 快取的最簡單方法是使用 Sidecar 模式，也在 Web 伺服器的每個實例旁邊（參見圖 5-5）。

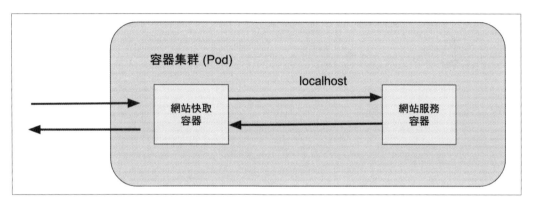

圖 5-5　以 Sidecar 模式新增 Web 快取服務

雖然這種方法很簡單，但它有些缺點，也就是必須使用與 Web 伺服器相同的比例擴展快取服務。對快取來講，這通常不是我們想要的，我們要的是少量的複本，每個複本提供最多的資源，因此，你會希望有兩個擁有 5GB 記憶體的複本，而不是十個擁有 1GB 記憶體的複本。這是因為如果每個網頁都儲存在每個複本中，使用十個複本，每個網頁將儲存 10 次，結果就是快取記憶體中能夠儲存的網頁變少，導致 *hit rate* 降低，即從快取中提供請求的時間的一小部分，這反過來又降低了快取的效用。

雖然你確實需要一些大型快取，但你可能還需要許多 Web 伺服器的小型複本。許多程式語言（例如 NodeJS）實際上只能使用單個 CPU 內核^{譯註 1}，因此你希望許多複本能夠利用多個內核，即使在同一台機器上也是如此。所以，把快取層配置為 Web 服務層上方的第二個無狀態複本服務層是最有意義的，如圖 5-6 所示。

譯註 1　NodeJS 是單執行緒，若要使用多核心 CPU 資源，需要透過原生的 Cluster Mode。

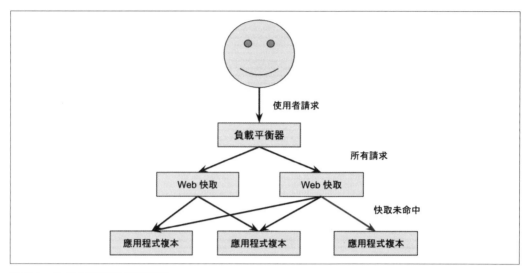

圖 5-6　為複本服務增加快取層

除非很謹慎，否則快取可能會破壞會話追蹤。這樣做的原因是，如果使用預設 IP 位址關聯和負載平衡，所有請求將從快取服務的 IP 位址發送，而不是服務的使用者端。如果你遵循先前給出的建議並部署了一些大型快取，那麼基於 IP 位址的關聯可能實際上意味著 Web 層的某些複本看不到流量。取而代之的是需要使用像是 cookie 或 HTTP 標頭之類的內容進行會話追蹤。

實作：部署快取層

我們之前建立的 dictionary-server 服務將流量分散到字典伺服器，並且可以用 DNS 名稱 dictionary-server-service 找到。該模式如圖 5-7 所示。

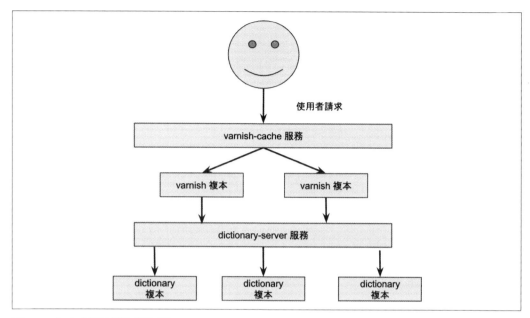

圖 5-7　為字典服務增加快取層

我們使用以下 Varnish 快取配置開始建置：

```
vcl 4.0;
backend default {
  .host = "dictionary-server-service";
  .port = "8080";
}
```

建立一個 ConfigMap 物件來儲存配置：

```
kubectl create configmap varnish-config --from-file=default.vcl
```

然後我們可以部署 Varnish 快取層的複本，它載入前述的配置：

```
apiVersion: extensions/v1beta1
kind: Deployment
metadata:
  name: varnish-cache
spec:
  replicas: 2
  template:
    metadata:
      labels:
```

```
        app: varnish-cache
    spec:
      containers:
      - name: cache
        resources:
          requests:
            # 每個 varnish 快取指定 2GiB
            memory: 2Gi
        image: brendanburns/varnish
        command:
        - varnishd
        - -F
        - -f
        - /etc/varnish-config/default.vcl
        - -a
        - 0.0.0.0:8080
        - -s
        # 記憶體配置要符合前述記憶體需求
        - malloc,2G
        ports:
        - containerPort: 8080
        volumeMounts:
        - name: varnish
          mountPath: /etc/varnish-config
      volumes:
      - name: varnish
        configMap:
          name: varnish-config
```

用以下指令部署 Varnish 複本伺服器：

```
kubectl create -f varnish-deploy.yaml
```

最後部署負載平衡器給 Varnish 快取層，以下是 Deployment 描述：

```
kind: Service
apiVersion: v1
metadata:
  name: varnish-service
spec:
  selector:
    app: varnish-cache
  ports:
    - protocol: TCP
      port: 80
      targetPort: 8080
```

用以下建立 Deployment 物件：

```
kubectl create -f varnish-service.yaml
```

擴展快取層

現在我們已經在無狀態複本服務中插入了一個快取層，讓我們看一下除了標準快取之外該層可以提供什麼。像 Varnish 這樣的 HTTP 反向代理通常是可插拔的（pluggable），並且可以提供許多進階功能，除了快取本身之外，這些功能是很有用的。

限速與阻斷服務攻擊防禦

很少有人建立網站，會期望遭遇阻斷服務（Denial-of-Serivce, DoS）攻擊。但隨著越來越多的人建立 API，DoS 可能只是來自開發人員錯誤配置客戶端，或可靠性工程師（Site Reliability Engineer, SRE）不經意地針對正式環境（Production）[譯註 2] 配置進行負載測試。因此，透過限速控制（Rate Limit）[譯註 3] 對快取層增加 DoS 防禦是有意義的。大部分的反向代理服務（Reverse Proxy），像 Varnish，都有限速控制的功能。特別是 Varnish 有一個 throttle 模組，可以配置為根據 IP 位址和請求路徑提供限制，以及用戶是否登錄。

如果要部署 API，通常最佳實踐是對匿名存取配置相對較小的限速控制，然後強制用戶登錄以獲得更高的速率限制。要求登入網站提供稽核，用來確定誰該對不正常的存取負載負責，並且還為想要獲得多個身份，來啟動成功攻擊的潛在攻擊者，提供阻擋。

當用戶達到速率限制時，伺服器將返回 HTTP 429 錯誤碼，表示已發出太多請求。但是，許多用戶希望了解他們在達到該限制之前已經離開了多少請求。為此，你可能想在 HTTP header 置入使用剩餘調用訊息。雖然沒有用於返回此資訊的標準 header，但許多 API 會返回 X-RateLimit-Remaining 的一些變體。

[譯註 2] Production 一般翻成「生產」，背後代表著服務已經達到產品化，可以釋出（Release）正式環境或其他試營運環境，例如沙箱環境（Sandbox）。這裡翻成正式版表示正式環境中可以使用。

[譯註 3] Rate Limit 常見的實作演算法有 Leaky Bucket、Token Bucket。nginx 使用 Leaky Bucket，AWS API Gateway 則使用 Token Bucket 實作。

SSL 終止

除了執行效能快取之外，邊緣層（Edge Layer）執行的其他常見任務之一是 SSL 終止（SSL Termination）。即使打算在叢集系統不同層之間進行通訊，針對邊緣層和內部服務，你仍應使用不同 SSL 憑證。

實際上，每個單獨的內部服務都應該使用自己的憑證來確保每個層都可以獨立部署。可是 Varnish Web 快取不能用於 SSL 終止，還好 nginx 可以。因此，我們希望在我們的無狀態應用程式模式中增加第三層，該模式將是 nginx 伺服器的複本層，它將處理 HTTPS 流量的 SSL 終止並將流量轉發到 Varnish 快取。HTTP 流量繼續傳輸到 Varnish Web 快取，Varnish 將流量轉導到我們的 Web 應用程式，如圖 5-8 所示。

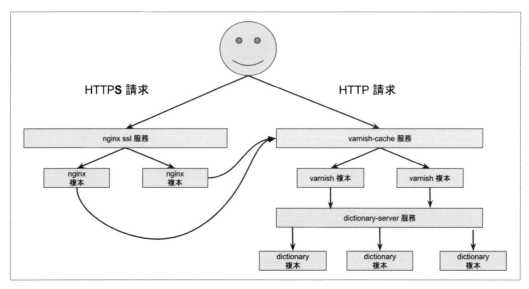

圖 5-8　完整複本無狀態服務範例

實作：部署 nginx 和 SSL 終止

以下說明描述如何將複本 SSL 終止 nginx，增加到我們先前部署的複本服務和快取中。

 這些說明假設你已經有憑證了。如果你需要取得憑證，最簡單的方法是透過 Let's Encrypt（*https://letsencrypt.org*）申請。或者是使用 openssl 建立。以下說明假設你已將它們命名為 server.crt（公開憑證）和 server.key（伺服器上的私鑰）。此類自簽（self-signed）憑證會在現代 Web 瀏覽器中引發安全警報，不應該用於正式環境。

第一步是將憑證上傳到 Kubernetes 的 secret[譯註4]：

```
kubectl create secret tls ssl --cert=server.crt --key=server.key
```

上傳憑證到 secret，然後建立一個 nginx 配置提供 SSL 服務，配置如下：

```
events {
  worker_connections  1024;
}

http {
  server {
    listen 443 ssl;
    server_name my-domain.com www.my-domain.com;
    ssl on;
    ssl_certificate          /etc/certs/tls.crt;
    ssl_certificate_key      /etc/certs/tls.key;
    location / {
        proxy_pass http://varnish-service:80;
        proxy_set_header Host $host;
        proxy_set_header X-Forwarded-For $proxy_add_x_forwarded_for;
        proxy_set_header X-Forwarded-Proto $scheme;
        proxy_set_header X-Real-IP $remote_addr;
    }
  }
}
```

如同 Varnish，需要把這個配置傳入 ConfigMap 物件：

```
kubectl create configmap nginx-conf --from-file=nginx.conf
```

[譯註4] secret 是 Kubernetes 提供儲放敏感性資料的方法，詳細參見官方文件：
https://kubernetes.io/docs/concepts/configuration/secret/

有了 secret 和 nginx 的配置，現在是時候建立複本了，而且是無狀態 nginx 層：

```
apiVersion: extensions/v1beta1
kind: Deployment
metadata:
  name: nginx-ssl
spec:
  replicas: 4
  template:
    metadata:
      labels:
        app: nginx-ssl
    spec:
      containers:
      - name: nginx
        image: nginx
        ports:
        - containerPort: 443
        volumeMounts:
        - name: conf
          mountPath: /etc/nginx
        - name: certs
          mountPath: /etc/certs
      volumes:
      - name: conf
        configMap:
          # 這個 ConfigMap 針對之前建立的 nginx
          name: nginx-conf
      - name: certs
        secret:
          # 這是我們建立的 secret
          secretName: ssl
```

使用以下指令建立 nginx 複本伺服器：

```
kubectl create -f nginx-deploy.yaml
```

最後，可以把 nginx SSL 伺服器對外公開成 service[譯註5]：

```
kind: Service
apiVersion: v1
metadata:
  name: nginx-service
```

譯註5　這邊的 service 指的是 Kubernetes 的 service 物件，它定義了服務的外部存取位址，背後是由多個 pod 組成。

```
spec:
  selector:
    app: nginx-ssl
  type: LoadBalancer
  ports:
    - protocol: TCP
      port: 443
      targetPort: 443
```

用以下指令建立負載平衡服務：

```
kubectl create -f nginx-service.yaml
```

如果在支援外部負載平衡的 Kubernetes 叢集上建立此服務，則會建立一個對外公開的服務，此服務為公有 IP 位址的流量提供服務。

用以下指令取得此 IP 位址：

```
kubectl get services
```

然後應該可以用瀏覽器存取該服務。

小結

本章從複本無狀態服務的簡單模式開始。然後我們看到這種模式如何透過兩個額外的複本負載平衡層來增長，以提供效能快取，以及用於安全 Web 服務的 SSL Termination。無狀態複本服務的完整模式如圖 5-8 所示。

可以使用三個 Deployments 和 Service 負載平衡將此完整模式部署到 Kubernetes 中，以連接圖 5-8 中所示的層。這些範例的完整程式碼可以在 *https://github.com/brendandburns/designing-distributed-systems* 中找到。

## 第六章

分片服務

在前一章中，我們看到了為可靠性（Reliability）、冗餘（Redundancy）和擴展（Scaling）複本無狀態服務的價值。本章將探討分片服務（Sharded Services）。前一章介紹的複本服務，每個複本都是完全同質性的，並且能夠為每個請求提供服務。與使用分片服務的複本服務對照，每個複本或**分片**，只能為所有請求的子集提供服務。一個負載平衡節點或**根節點**（*root*），負責檢查每個請求並將每個請求分配到適當的分片或多個分片以進行處理。複本（Replicated）和分片（Sharded）服務之間的對比如圖 6-1 所示。

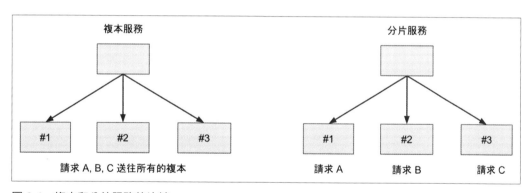

圖 6-1　複本和分片服務的比較

複本服務通常用於建置無狀態服務，而分片服務通常用於建置有狀態服務。拆分資料的主要原因是因為狀態的大小太大，無法由單個機器節點提供服務。透過拆分成分片，可以根據需要提供的狀態大小來擴展服務。

分片快取

為了完整地說明分片系統的設計，本段深入介紹分片快取系統的設計。分片快取（*Sharded Cache*）是位於用戶請求和實際前端實現之間的暫存。

圖 6-2 表示系統全貌：

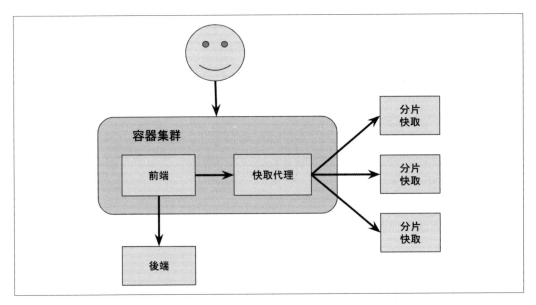

圖 6-2　分片快取

在第三章中討論如何使用大使模式（Ambassador）將資料分配到分片服務。此處討論如何建置這樣的服務。在設計分片快取時，需要考慮幾個設計面向：

- 為什麼需要分片快取
- 快取角色在架構中的作用
- 複本的分片快取
- 分片函式

為什麼需要分片快取

正如在簡介中提到的，分片任何服務的主要原因，是增加儲存在服務中的資料大小。要了解這對快取系統有何幫助，請想像以下系統：每個快取都有 10GB 的 RAM 可用於儲存結果，並且每秒可以提供 100 個請求（Requests Per Second, RPS）。假設服務總共可以傳回 200GB 可能的結果，而且預計會有 1000RPS。明顯的需要 10 個快取複本以滿足 1000RPS（每個複本 10 個 × 每個複本每秒 100 個請求）。

如上一章所述，部署此服務的最簡單方法是當作複本服務。但是以這種方式部署，分散式快取最多只能容納服務總資料量的 5%（10GB/200GB）。這是因為每個快取複本都是獨立的，因此每個快取複本大致儲存快取中完全相同的資料。這對於冗餘（Redundancy）非常有用，但卻很不利於記憶體最大使用率。

反之，如果我們部署一組 10 份的分片快取，服務依舊可以提供適當的 RPS（10×100 仍是 1000），但由於每個快取提供一組完整唯一的資料，因此總共能夠儲存 50%（10×10GB/200GB）的資料。這個快取儲存十倍的增量，意味著作為快取的記憶體更有效地被利用，因為每個值只會儲存在單一個快取。

快取在系統效能扮演的角色

在第五章，我們討論快取如何最佳化終端使用者的效能和延遲，但有一點未涉及的是快取對應用程序效能、可靠性和穩定性的重要性。

簡言之，要思考的問題是：如果快取出問題了，對用戶和服務會產生什麼影響？

當我們討論複本的快取時，這問題的相關性較低，因為快取本身是水平可擴展的，而特定複本的失敗只會導致短暫失效。同樣，快取透過水平擴展來反應增加的負載，同時不影響使用者。

當考慮分片快取（Sharded Caches）時，狀況就不一樣了。因為特定使用者或請求始終指向同一個分片快取，如果該分片快取故障了，那麼使用者或請求將一直錯過快取，直到分片還原為止。由於快取作為暫存資料的性質，快取錯失本質上不是問題，而且系統一定知道如何重新計算資料。但是，本質上這種重新計算比直接使用快取慢，因此對終端使用者有效能影響。

快取效能是根據其*命中率*（*Hit Rate*）定義的。命中率是快取時間的百分比，它包含用戶請求資料的時間。最後，命中率決定了分散式系統的總容量，並影響系統的整體容量與效能。

想像一下，如果你可以有一個能處理 1000RPS 的請求服務層。在 1000RPS 之後，系統開始向使用者回傳 HTTP 500 錯誤。如果在此請求服務層前放置 50% 命中率的快取，則增加此快取會將最大 RPS 從 1000 提升到 2000。原因是 2000 個進入請求中，有 1000 個（50%）可以由快取提供服務，而服務層將服務另外 1000 個請求。在這種情況下，快取對服務來講非常重要，因為如果快取故障，則服務層將過載，將會有一半的用戶請求失敗。因為這個緣故，所以將服務層級的最大值定 1500RPS 而非 2000RPS。如此一來，萬一有一半的快取複本故障，還是可以維持服務的穩定。

但是，系統的效能不僅僅是根據它可以處理的請求數量來定義。系統的最終使用者效能也是根據請求的**延遲**（*Latency*）來定義的。快取的結果通常比從頭計算結果快得多。因此，快取可以提高請求的速度以及處理的請求總數。要了解為什麼會是如此，想像你的系統可以在 100ms 內為用戶提供請求。增加了一個有 25% 命中率的快取，該快取可以在 10ms 內返回結果。因此，系統的請求平均延遲現在為 77.5ms。與每秒最大請求數（RPS）不同，快取只會讓請求反應更快，因此，需要擔心的是，如果快取失敗或正在升級時，請求速度會降低。但是，在某些情況下，效能的影響可能會導致過多的用戶請求堆疊在請求隊列中，最後導致這些請求會超時（time out）。始終建議針對系統執行有和沒有快取的狀況，做負載測試（Load Test），以了解快取對系統整體效能的影響。

最後，需要考慮的不僅僅是故障。如果需要升級或重新部署分片快取，則不能只部署新複本，並假設它將承擔負載。部署新版本的分片快取通常會導致暫時遺失一些容量。另一個更進階的選項是：為快取作複本（Replicated）。

複本分片快取

有時候你的系統為了延遲或負載而非常依賴於快取，當出現故障或進行部署時，遺失整個快取分片是無法接受的。或者，你在特定的快取分片（Cache Shard）上可能有大量的負載，而且需要擴展快取分片來處理負載。基於這些原因，可以選擇部署分片複本服務（Sharded Replicated Service）。

分片複本服務結合了前一章中描述的複本服務模式（Replicated Service Pattern）與前一小節中描述的分片模式（Sharded Pattern）。簡言之，不是讓單個伺服器在快取中實現每個分片，而是使用複本服務來實現每個快取分片。

顯然地，這種設計的實現和部署會更複雜，但相對於簡單的分片服務會有些優點。最重要的是，透過複本服務取代單一伺服器（Single Server），每個快取分片都是彈性、且可以預防故障，在故障期間始終存在。可以依賴快取提供的效能改進，而不是將系統設計成為了容錯，當快取分片失敗時，導致的效能下降。假設你願意過度配置分片容量，這表示你可以安全地在高流量期間執行快取部署，而不是等服務的離峰時刻。

此外，由於每個複本快取分片都是獨立的複本服務，因此你可以擴展每個快取分片以響應負載；在本章的最後討論了這種「熱分區」（Hot Sharding）。

實作：為分片快取部署大使和 Memcache

在第三章中，我們了解如何部署分片 Redis 服務。部署分片 memcache 也是類似的。

首先，我們將 memcache 部署為 Kubernetes 的 StatefulSet：

```
apiVersion: apps/v1beta1
kind: StatefulSet
metadata:
  name: sharded-memcache
spec:
  serviceName: "memcache"
  replicas: 3
  template:
    metadata:
      labels:
        app: memcache
    spec:
      terminationGracePeriodSeconds: 10
      containers:
      - name: memcache
        image: memcached
        ports:
        - containerPort: 11211
          name: memcache
```

把這檔案儲存為 *memcached-shards.yaml*，使用 kubectl create -f memcached-shards.yaml 進行部署。這將建立三個運行 memcached 的容器。

與分片 Redis 範例一樣，我們需要建立一個 Kubernetes 的 Service，此 Service 將為上一步驟建立的複本建立 DNS 名稱。該服務看起來像這樣：

```
apiVersion: v1
kind: Service
metadata:
  name: memcache
  labels:
      app: memcache
spec:
  ports:
  - port: 11211
    name: memcache
  clusterIP: None
  selector:
      app: memcache
```

把這檔案儲存為 *memcached-service.yaml*，並使用 `kubectl create -f memcached-service.yaml` 進行部署。現在應該有 DNS 節點：`memcache-0.memcache`, `memcache-1.memcache`。如同 Redis，我們可以使用這些名稱配置 twemproxy（*https://github.com/twitter/twemproxy*）。

```
memcache:
  listen: 127.0.0.1:11211
  hash: fnv1a_64
  distribution: ketama
  auto_eject_hosts: true
  timeout: 400
  server_retry_timeout: 2000
  server_failure_limit: 1
  servers:
   - memcache-0.memcache:11211:1
   - memcache-1.memcache:11211:1
   - memcache-2.memcache:11211:1
```

在此配置中，可以看到在 `localhost:11211` 上提供 memcache 通訊協議，以便應用程式容器可以存取大使（Ambassador）容器。我們將使用我們可以建立的 Kubernetes ConfigMap 物件將其部署到大使（Ambassador）pod 中：`kubectl create configmap --from-file=nutcracker.yaml twem-config`。

最後，所有準備工作都已完成，可以部署大使範例。定義一個 pod，如下所示的：

```
apiVersion: v1
kind: Pod
metadata:
  name: sharded-memcache-ambassador
```

```yaml
spec:
  containers:
    # 這是應用程式容器的範例
    # - name: nginx
    #   image: nginx
    # 這是大使容器
    - name: twemproxy
      image: ganomede/twemproxy
      command:
      - nutcracker
      - -c
      - /etc/config/nutcracker.yaml
      - -v
      - 7
      - -s
      - 6222
      volumeMounts:
      - name: config-volume
        mountPath: /etc/config
  volumes:
    - name: config-volume
      configMap:
        name: twem-config
```

把這檔案儲存為 *memcached-ambassador-pod.yaml*，用以下指令部署：

```
kubectl create -f memcached-ambassador-pod.yaml
```

當然，也可以不使用大使模式。另一種方法是部署複本**分片路由**服務（*Shard Router Service*）。使用大使與使用分片路由服務之間存在權衡。服務的價值在於降低複雜性。不需要每個想要存取分片 memcache 服務（Sharded Memcache Service）的 pod 部署大使，可以透過命名和負載平衡服務（Load-Balanced Service）存取。

共享服務有兩個缺點。首先，因為它是個共享服務，所以隨著需求負載的增加，必須將其擴展得更大。其次，使用共享服務引入了額外的網路跳點（hop），將會增加請求的延遲並增加整個分散式系統的佔用頻寬[譯註1]。

譯註1　參見分散式系統謬論：*https://en.wikipedia.org/wiki/Fallacies_of_distributed_computing*

要部署共享路由服務，需要稍微更改 twemproxy 配置，讓它監聽所有介面，而不僅僅是 localhost：

```
memcache:
  listen: 0.0.0.0:11211
  hash: fnv1a_64
  distribution: ketama
  auto_eject_hosts: true
  timeout: 400
  server_retry_timeout: 2000
  server_failure_limit: 1
  servers:
   - memcache-0.memcache:11211:1
   - memcache-1.memcache:11211:1
   - memcache-2.memcache:11211:1
```

把這檔案儲存為 *shared-nutcracker.yaml*，然後使用 kubectl 建立對應的 ConfigMap 物件：

```
kubectl create configmap --from-file=shared-nutcracker.yaml shared-twem-config
```

然後，將複本分片路由服務作為 Kubernates 的 Deployment：

```
apiVersion: extensions/v1beta1
kind: Deployment
metadata:
  name: shared-twemproxy
spec:
  replicas: 3
  template:
    metadata:
      labels:
        app: shared-twemproxy
    spec:
      containers:
      - name: twemproxy
        image: ganomede/twemproxy
        command:
        - nutcracker
        - -c
        - /etc/config/shared-nutcracker.yaml
        - -v
        - 7
        - -s
        - 6222
        volumeMounts:
        - name: config-volume
          mountPath: /etc/config
```

```
  volumes:
  - name: config-volume
    configMap:
      name: shared-twem-config
```

如果把這檔案儲存成 *shared-twemproxy-deploy.yaml*，可以用 kubectl 建立複本分片路由：

```
kubectl create -f shared-twemproxy-deploy.yaml
```

為了完成分片路由，必須定義一個負載平衡器來處理請求：

```
kind: Service
apiVersion: v1
metadata:
  name: shard-router-service
spec:
  selector:
    app: shared-twemproxy
  ports:
  - protocol: TCP
    port: 11211
    targetPort: 11211
```

用此指令建立負載平衡器：kubectl create -f shard-router-service.yaml

分片檢測函式

到目前為止，我們已經討論了簡單的分片和複本分片快取（Replicated Sharded Caches）的設計和部署，但並沒有花太多時間思考如何將流量路由到不同的分片。假設有個分片服務，其中有 10 個獨立的分片。若使用者請求 *Req*，如何決定請求應該使用 0 到 9 內的哪個分片 *S*？此對應是**分片函式**（*Sharding function*）的責任。分片函式與雜湊函式（hashing function）非常類似，在學習雜湊表（hashtable）資料結構時可能會遇到這種功能。實際上，基於水桶（bucket-based）的雜湊表可以被視為分片服務的範例。給定 *Req* 和 *Shard*，然後分片函式的作用是將它們聯繫在一起，具體來說：

Shard = ShardingFunction(Req)

分片函式（Sharding Function）通常是用**雜湊函式**和取模運算（mod, %）所定義。雜湊函式是將任意物件轉換為整數雜湊（*hash*）的函數。雜湊函式對於分片具有兩個重要特徵：

確定性（*Determinism*）

　　對於唯一輸入，輸出應始終相同。

均勻度（*Uniformity*）

　　輸出空間的輸出分配應該相等。

對於分片服務，確定性和一致性是最重要的特徵。確定性很重要，因為它確保特定請求 R 始終轉到服務中的相同分片。均勻性很重要，因為它確保負載均勻分佈在不同的分片之間。

對我們來說幸運的是，現代程式語言已經包含各種高品質的雜湊函式。但是，這些雜湊函式的輸出通常遠大於分片服務中的分片數。因此，我們使用取模運算（%）將雜湊函式減少到適當的範圍。回到 10 個分片的分片服務，可以看到我們可以將分片功能定義為：

　　Shard = hash(Req) % 10

如果雜湊函式的輸出在確定性和一致性方面具有適當的屬性，那麼這些屬性將由取模運算保留。

選擇索引鍵（Key）

由於這種分片函式，可能能夠直接使用程式語言中內建的雜湊函數，雜湊整個物件進行調用。可是這結果不是一個很好的分片函式。

要理解這一點，考慮一個簡單 HTTP 請求，它包含三件事：

- 請求的時間
- 來自客戶端的原始 IP 位址
- HTTP 請求路徑（例如 */some/page.html*）

如果我們使用一個基於物件的雜湊函式，shard(request)，很明顯的 {12:00, 1.2.3.4, /some/file.html} 的分片值不同於 {12:01, 5.6.7.8, /some/file.html}。分片函式的輸出是不同的，因為客戶端 IP 位址和請求時間，在兩個請求之間是不同的。但是，在大多數情況下，客戶端 IP 位址和請求時間不會影響對 HTTP 請求的回傳結果。因此，不是雜湊整個請求物件，而是更好的分片函式會是：shard(request.path)。當我們使用 request.path 作為分片索引鍵（Shard Key）[譯註 2] 時，我們將兩個請求對應到同一個分片，因此，在快取中同一個請求的回應，可以同時服務其他請求。

當然，有時客戶端 IP 對於從前端返回的回應很重要。例如，客戶端 IP 可以用於查詢用戶所在的地理區域，並且可以將不同的內容（例如，不同的語言）返回到不同的 IP 位址。在這種情況下，先前的分片函式 shard(request.path) 實際上會導致錯誤，因為來自法國 IP 位址的快取請求頁面，可能從英國的快取頁面中提供。在這種情況下，快取功能過於一般化，因為它將沒有相同反應的請求組合在一起。

基於這個問題，將分片函式定義為 shard(request.ip, request.path) 是很適合的，但是這個函式也有問題。它將導致兩個不同的法國 IP 位址映射到不同的分片，導致分片效率低下。此分片函式太過於特定了，因為它無法將相同的請求組合在一起。對於這種情況，更好的分片功能是：

    shard(country(request.ip), request.path)

首先根據 IP 位址確定國家（或地區），然後將該國家（或地區）用作分片函式索引鍵的一部分。因此，來自法國的多個請求將被路由到一個分片，而來自美國的請求將被路由到不同的分片。

確定分片函式適合的鍵值，對於設計分片系統至關重要。確定正確的分片索引鍵需要了解你預期看到的請求。

一致性雜湊函式

為新服務設置初始分片相對簡單：你設置適當的分片和起始來執行分片，然後你就可以開始拆分了。但是，當你需要更改分片服務中的分片數時會發生什麼？這種「重新分片」（re-sharding）通常是個複雜的過程。

[譯註 2] Shard Key 表達的是鍵值具備唯一性、可以快速搜尋，故翻譯成分片索引鍵。

要了解為什麼是這樣，請看先前檢查過的分片快取。當然，將快取從 10 個複本擴展到 11 個複本對於容器協調器來說很簡單，但考慮將縮放函式（Scaling Function）從 *hash(Req) % 10* 更改為 *hash(Req) % 11* 的效果。部署此新擴展功能時，會將大量請求映射到與先前映射到的不同的分片。在分片快取中，這將大大增加你的 **失效率**（*Miss Rate*），直到快取重新填充新的分片函式已映射到該快取分片的新請求的回應。在最壞的情況下，為分片快取推出新的分片函式將等同於完整的快取失效。

為了解決這些問題，許多分片函式使用 **一 致 性 雜 湊 函 式**（*Consistent Hashing Functions*）。一致性雜湊函式是特殊的雜湊函式，在調整為 *#shards* 的大小時，保證只重映射 *# keys / # shards*。例如，如果我們對分片快取使用一致性雜湊函式，則從 10 分片移動到 11 分片只會導致重新映射小於 10%（*K / 11*）。這比丟失整個分片服務要好得多。

實作：建立一致性 HTTP 分片代理服務

要區分 HTTP 請求，要回答的第一個問題是使用什麼作為分片函式的索引鍵。雖然有幾個選項，但是一個好的透過索引鍵是請求路徑以及區段和查詢參數，也就是把請求唯一的所有內容。

請注意，這不包括來自用戶的 Cookie 或語言 / 位置（例如 EN_US）。如果你的服務為用戶或其位置提供了廣泛的自定義，需要將它們包含在雜湊索引鍵中。

我們可以使用通用的 nginx HTTP 伺服器來進行分片代理。

```
worker_processes  5;
error_log  error.log;
pid        nginx.pid;
worker_rlimit_nofile 8192;

events {
  worker_connections  1024;
}

http {
    # 定義一個叫做 'backend' 的名稱用在代理以下的路徑
    upstream backend {
        # 使用完整請求的 URI 與一致的雜湊
        hash $request_uri consistent
        server web-shard-1.web;
        server web-shard-2.web;
        server web-shard-3.web;
    }
```

```
server {
    listen localhost:80;
    location / {
        proxy_pass http://backend;
    }
}
}
```

請注意，我們選擇使用完整請求 URI 作為雜湊索引鍵，並使用一致關鍵字來表示我們要使用一致性雜湊函數。

分片複本服務

到目前為止，本章中的大多數範例描述的是快取服務方面的分片。當然，快取並不是唯一可以從分片中受益的服務。在考慮任何類型的服務時，分片是有用的，因為有更多資料可以容納在單台機器上。與前面的範例相反，索引鍵和分片函式不是 HTTP 請求的一部分，而是使用者端的應用情境。

以大型多人線上遊戲為例，這類遊戲可能太大，無法放在一台機器上。但是，在這個虛擬世界中，有距離的玩家不太可能互動。因此，遊戲虛擬世界可以在許多不同的機器上做分片。分片函式取決於玩家的位置，以便特定位置的所有玩家都落在同一組伺服器上。

熱分片系統

理想情況下，分片快取的負載將是完全平均的，但在許多情況下並非如此，並且出現「熱分片」（Hot Shards），因為有機負載模式（Organic Load Pattern）會驅使更多流量到一個特定分片。

舉個例子，如用戶照片的分片快取，當一張特定的照片變成病毒，並且突然收到不成比例的流量時，包含該照片的快取分片將變得「熱」。當發生這種情況時，使用複本分片快取，你可以縮放快取分片，以回應增加的負載。實際上，如果為每個快取分片設定自動縮放，則可以隨著服務的自然流量變化，動態增加和縮減每個複製的分片。該過程的說明如圖 6-3 所示。

最初，分片服務接收到所有三個分片的相同流量。然後流量轉移，讓 Shard A 接收的流量是 Shard B 和 Shard C 的四倍。熱分片系統將 Shard B 移動到與 Shard C 相同的機器，並將 Shard A 複製到第二台機器。最後，再次在複本之間平均分配流量。

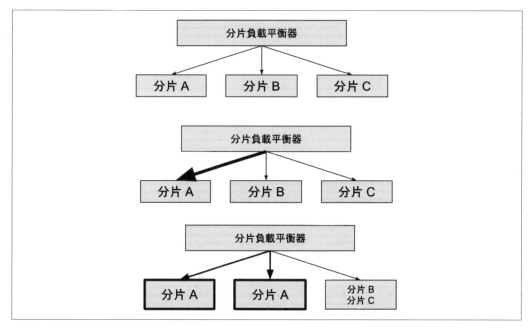

圖 6-3　熱分片系統的範例：剛開始，分片是平均分散的，但是當額外的流量進入到分片 A，複製到兩台機器，然後分片 B 和 C 合併在同一台機器

## 第七章

分配 / 聚集

到目前為止，我們已經檢驗這樣的系統：以每秒處理的請求數量（無狀態複本模式，Stateless Replicated Pattern），複本可擴展性的系統，以及資料大小（分片資料模式，Sharded Data Pattern）的可擴展性。本章將介紹**分配 / 聚集模式**（*Scatter/Gather Pattern*）譯註1，此模式在時間方面使用複本來實現可擴展性。具體來說，分配 / 聚集模式可以在服務請求中實現平行性（Parallelism），相較於需要依照次序執行的服務，可以更快地提供服務。

與複本和分片系統一樣，分配 / 聚集模式是一種樹狀模式（Tree Pattern），其根節點（Root）分配請求，並在葉節點（Leaf）處理這些請求。但是，與複本和分片系統相比，分配 / 聚集請求同時被分配到系統中的所有複本。每個複本執行少量處理，然後將結果的一部分返回到根節點。最後，根伺服器將各種部分結果組合在一起，形成對請求的單個完整回應，將此請求發送回客戶端。分配 / 聚集模式如圖 7-1 所示。

當處理特定請求所需的大量獨立處理時，分配 / 聚集模式非常有用。分配 / 聚集可以看作是對服務請求所需的計算進行分片，而不是分片資料（儘管資料分片也可能是其中的一部分）。

譯註1　Scatter/Gather 中文翻譯成「分配 / 聚集」，其中 Scatter 翻成「分配」，不翻分散（Distribute）。Gather 翻成「聚集」非「聚合」，「聚合」指的是 Aggregation，包含散、合兩個動作，換言之 Scatter/Gather 可以說是 Aggregation 的意思。Scatter/Gather 拆成兩個字有特別強調階段與分工之意，故文中不用「聚合」取代。

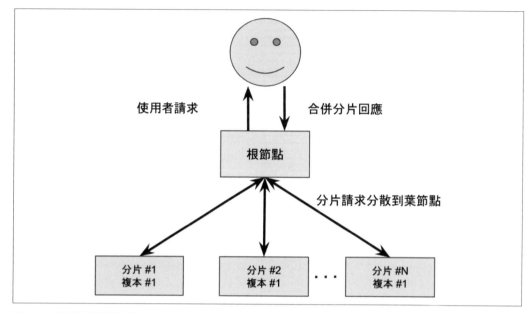

圖 7-1　分配 / 聚集模式

用根節點分配分配 / 聚集

最簡單的分配 / 聚集形式是每個葉節點完全同性質，工作被分配到許多不同的葉節點，以便改善請求的效能形式。這種模式相當於解決「尷尬平行」（Embarassingly Parallel）問題。問題可以分解成許多不同的部分，每個部分可以與所有其他部分一起重新組合以形成完整的答案。

為了更具體地理解這一點，假設需要為使用者請求 R 提供服務，並且單核心需要一分鐘來處理此請求的答案 A。如果我們編寫多執行緒應用程式，我們可以在單台機器，使用多核心平行化此請求。

由於這種方法和 30 核心處理器（是的，一般是 32 核處理器，數字 30 在數學上容易理解），我們可以將處理單個請求所需的時間減少到 2 秒（共 60 秒，拆分 30 個執行緒進行計算，得到 2 秒）。兩秒對於服務使用者的 Web 請求來講是相當慢的。此外，要真實達到在單核心做平行處理的加速是很棘手的，因為記憶體、網路、磁碟存取頻寬都是瓶頸。我們可以使用分配 / 聚集模式在多台不同的機器上，跨多個程序（process）平行化請求，而不是在單機器上跨核心平行化應用程式。

透過這種方式，我們可以改善整體延遲請求，因為我們不再受單機器上可以獲得的核心數量限制，並且確保我們的程序中的瓶頸仍然是 CPU，因為記憶體、網路和磁碟頻寬都分散在許多不同的機器上。此外，由於分配／聚集樹中的每台機器都能夠處理每個請求，因此樹的根可以根據其回應性在不同時間動態地將負載分配給不同的節點。如果由於某種原因，特定葉節點回應的速度比其他機器慢（例如，有干擾資源的雜訊程序），則根節點可以動態地重新分配負載以確保快速回應。

實作：分散式文件搜尋

我們以一個搜尋範例來說明分配／聚集行為。假設要在大型文件資料庫中，搜尋包含單字 "cat" 和 "dog" 所有文件的任務。執行此搜尋的一種方法是打開所有文件，讀取整個集合，搜尋每個文件中的單字，然後將包含這兩個單字的文件集合回傳給使用者。

可以想像的，這是個相當緩慢的過程，因為每個請求都需要開啟、讀取大量的檔案。為了更快地處理請求，可以建立一個索引（index）。索引實際上是雜湊表，其中索引鍵是單一字詞（例如 "cat"），並且值是包含該詞的文件列表。

現在，不是搜尋每個文件，而是查詢符合任一單字的文件，這就像在雜湊表查詢一樣簡單。但是，我們失去了一項重要的能力。請記住，我們正在查詢包含 "cat" 和 "dog" 的所有文件。

由於索引只有單個單字，而不是單字的連接詞，我們仍然需要找到包含這兩個單字的文件。還好，這只是每個單字返回的文件集的交集。

基於這樣的方法，我們可以將此文件搜尋實現為分配／聚集模式的範例。當請求進入文件搜尋根節點時，它會解析請求並將分配到兩台葉節點機器（一個處理單字 "cat"，一個處理 "dog"）。這些機器中的每一台都返回與其中一個單字符合的文件列表，並且根節點返回包含 "cat" 和 "dog" 的文件列表。

此過程的圖表如圖 7-2 所示：葉節點處單字時 "cat" 返回 {doc1, doc2, doc4}，當輸入單字是 "dog" 時，返回 {doc1, doc3, doc4}，因此根節點找到了交集並返回 {doc1, doc4}。

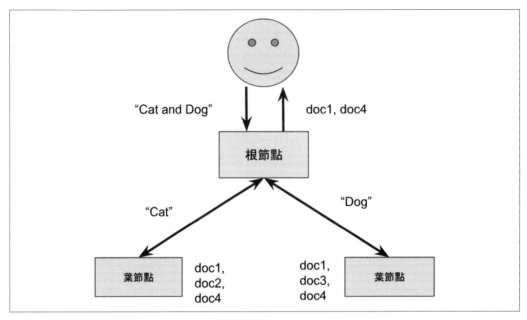

圖 7-2　詞彙分片分配／聚集系統範例

葉節點分片模式做分配／聚集

雖然套用複本資料的分配／聚集模式可以減少處理使用者請求所需的處理時間，但它的擴展不允許超出單一機器上，可儲存的記憶體或儲存磁碟資料量。與之前描述的複製服務模式（Replicated Serving Pattern）非常相似，建構複本的分配／聚集系統非常簡單。但是在某個資料大小時，有必要引入分片機制來建置系統，該系統可以容納的資料，比儲存在單機上的更多。

以前，當導入分片是為了擴展複本系統時，分片是依照請求級別（per-request）完成的。請求的某些部分用來決定請求將往那裡送。然後，該複本處理請求的所有程序，並將結果回應給使用者。相反，透過分配／聚集分片，請求被發送到系統中的所有葉節點（或分片）。每個葉節點使用它在其分片中已載入的資料來處理請求。部分回應將返回發送請求資料的根節點，然後根節點會把所有回應合併再一起，形成給使用者的完整回應。

用這種類型架構的具體範例，必須在很大的文件集合裡實現搜尋，例如：世界上所有專利。在這種情況下，資料太大，所以無法儲存在單一機器的記憶體中，所以資料應該在多個複本中進行分片。例如，專利 0-100,000 可能在第一台機器上，100,001-200,000 在下一台機器上，依此類推（請注意，這實際上並不是一個好的分片方案，因為它會不斷強迫我們在註冊新專利時增加新的分片。實際上，我們可能會使用以分片總數取餘數的專利號）。當使用者送出請求，利用特定單字（如「火箭」）搜尋索引中的所有專利，該請求被送到每個分片裡的專利分片，在專利分片中，查詢符合單字的專利。

找到的任何符合都將返回到根節點以回應分片請求。然後，根節點將所有這些回應整併成一個回應，其中包含與特定單字符合的所有專利。該搜尋索引的操作如圖 7-3 所示。

實作：分片文件搜尋系統

前面的範例將不同用語、術語的請求分散在叢集中，但這只能在分配／聚集樹中的所有計算機上，都存在所有文件時才有效。但是必須所有的文件，儲存在分配／聚集樹中的所有機器上，如此條件才能運作。如果樹中所有葉節點中的所有文件都沒有足夠的空間，則必須使用分片將不同的文件集合放在不同的葉節點上。

這表示當使用者請求所有與 "cat" 和 "dog" 符合的文件時，請求實際發送到分配／聚集系統中的每個葉節點。每個葉節點返回它知道的與 "cat" 和 "dog" 符合的文件集合。之前提到的，根節點負責執行兩個不同單字返回兩組文件的交集。在分片的情況下，根節點負責產生所有文件的聯集（union），這些文件由所有分片回傳，而且回傳完整的文件集合也返回給使用者。

在圖 7-3 中，第一個葉節點提供文件 1 到 10 並返回 {doc1, doc5}。第二個葉節點提供文件 11 到 20 並返回 {doc15}。第三片葉節點提供文件 21 到 30 並返回 {doc22, doc28}。根節點將所有這些回應組合成一個回應，並返回 {doc1, doc5, doc15, doc22, doc28}。

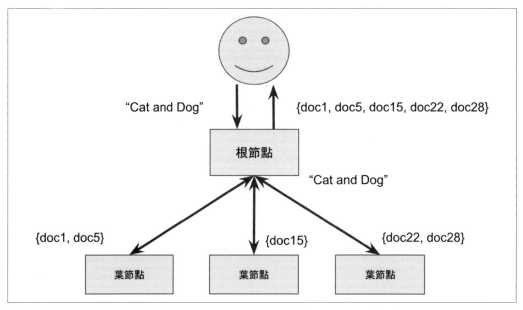

圖 7-3　在分配／聚集搜尋系統中執行的聯集查詢

選擇正確數量的葉節點

看起來在分配／聚集模式中，複製資料到大量的葉節點是一個好方法。可以平行運算，以減少處理任何特定請求所需的時間。但是，增加平行化需要付出代價，因此在分配／聚集模式中選擇正確數量的葉節點，對於設計高效能分散式系統是至關重要的。

要了解這種情況如何發生，需要了解兩件事。首先，處理任何特定請求都有一定的間接成本（Overhead）。解析請求、透過線路傳送 HTTP 等所花費的時間。通常，由於系統請求處理而產生的間接成本是固定的，並且明顯小於處理請求的使用者程式碼所花費的時間。因此，在評估分配／聚集模式的效能時，通常可以忽略此成本。但是，重要的是要了解此成本與分配／聚集模式中的葉節點數量成比例。因此，即使成本較低，隨著平行化的持續，這種支出最終會佔據業務邏輯的計算成本。這意味著平行化的增益是漸近的。

除了增加更多葉節點，可能實際上不會加速處理的事實之外，分配／聚集系統也遭受「落後者」（Straggler）問題。要了解其工作原理，請務必記住，在分配／聚集系統中，根節點在回傳結果給使用者之前，必須等待*所有*發送到葉節點的請求返回結果。由於需要來自每個葉節點的資料，因此處理使用者請求所花費的總時間，由發送回應的最慢葉節點決定。

要了解這一點的影響，假設我們的服務具有 2 秒的第 99 百分位數（Percentile）^{譯註 2} 延遲。這表示平均每 100 個中有一個請求的延遲為 2 秒，或換句話說，請求有 1% 的可能性需要 2 秒。乍看之下，這是完全可以接受的：單個使用者一百個請求中，有一個請求緩慢。但要考慮在分配／聚集系統中的實際效果。由於使用者請求的時間取決於最慢的回應，因此我們需要考慮的不是單個請求，而是所有請求都分散到各個葉節點。

讓我們看看當分散到五個葉節點時會發生什麼。在這種情況下，這五個分散請求中，有 5% 機會可能具有 2 秒延遲（$0.99 \times 0.99 \times 0.99 \times 0.99 \times 0.99 == 0.95$）。這意味著完整分配／聚集系統，個別請求的第 99 百分位數延遲將變成為第 95 百分位數延遲。而且它只會變得更糟：如果分散到 100 個葉節點，那麼我們或多或少地保證所有請求的總體延遲將是 2 秒。

總之，分配／聚集系統的複雜性讓我們得出以下結論：

- 由於每個節點上的開銷成本，增加的平行性並不總能加快速度。

- 由於存在拖延問題，增加平行性並不總是能加快速度。

- 第 99 百分位的效能比其他系統更重要，因為每個使用者請求實際上變成了對服務的大量請求。

同樣的落後問題（Straggler Problem）適用於可用性。如果向 100 個葉節點發出請求，並且任意葉節點故障機率為 100 中的 1，則實際上幾乎等於每個使用者請求都會失敗。

---

^{譯註 2}　經典分散式文章 "Notes on Distributed Systems for Young Bloods" 建議盡量使用 percentiles，而不是平均值。

擴展分配 / 聚集的可靠性和規模

如同分片系統，具有分片分配 / 聚集系統的單個複本可能不是理想的設計選擇。單個複本意味著如果失敗，則所有分配 / 聚集請求將在分片不可用的持續時間內失敗，因為所有請求都需要由分配 / 聚集模式中的所有葉節點處理。同樣，升級將佔用分片的一定百分比，因此不可能在面對使用者負載下進行升級。最後，系統的計算規模將受到任何單個節點能夠實現的負載的限制。最終，這會限制你的擴展功能，正如我們在前面部分中看到的那樣，不能直接增加分片數量以提高分配 / 聚集模式的計算能力。

由於可靠性和擴展性的挑戰，正確的方法是複製每個單獨的分片，以便在每個葉節點處不是單個實例，而是存在實現每個葉節點分片的複本服務。此複製分片分配 / 聚集模式如圖 7-4 所示。

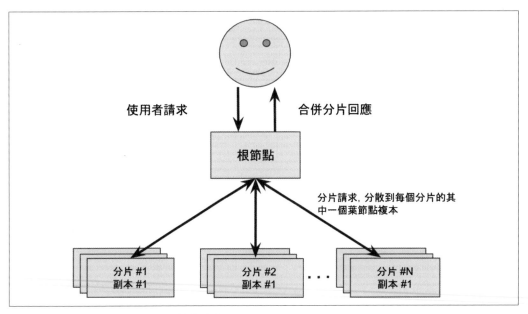

圖 7-4　一個分片、複本的分配 / 聚集系統

以這種方式建置，來自根節點的每個葉節點請求，實際上在分片的所有健康複本上進行負載平衡。這表示如果出現任何故障，使用者不會因為此故障而發現有異常。同時，可以安全地在負載下執行升級，因為每次複製的分片可以一次升級一個複本。實際上，可以同時執行多個分片的升級，具體取決於希望執行升級的速度。

## 第八章

功能函式與事件驅動程序

到目前為止，我們已經研究了長時間運行（long-running）運算系統的設計。這類系統處理使用者請求的伺服器始終處於運行狀態。對於許多負載較重的應用程式，它會在記憶體中保留大量資料或需要某種背景程序處理，這種應用使用此設計模式是對的。但是，有一類應用程式可能只需要暫時存在，只處理單個請求，或只需要回應特定事件。這類請求或事件驅動的應用架構設計，近年來蓬勃發展，因為大型公有雲服務商已經開發了**功能即服務**（*function-as-a-service*, FaaS）產品。最近，FaaS 實施也出現在似有雲或實體物理機環境中的叢集編排器（Cluster Orchestrator）。本章介紹了這種新型計算的新興架構。大多情況下，FaaS 是更廣泛架構中的元件，而不是完整的解決方案。

 通常，FaaS 被稱為**無伺服器運算**（*Serverless Computing*）。雖然這是真的沒有伺服器（FaaS 中看不到伺服器），但它可以區分成事件驅動的 FaaS，以及更廣泛的無伺服器計算概念[譯註1]。

實際上，無伺服器計算可以應用於各種計算服務；例如，多租戶容器協調器（container-as-a-service）是無伺服器的，但不是事件驅動。反之，在你擁有和管理的物理機群集上運行的開源 FaaS，這算是事件驅動，但不是 Serverless。了解此差異，讓你可以正確為應用程式選擇事件驅動、Serverless，或兩者。

[譯註1] Martin Fowler 將 Serverless 架構區分成 FaaS 和 BaaS（Backend as a Service）兩大類。前者專注在短時間、運算簡單的功能，公有雲產品如 AWS 的 Lambda、GCP 的 Cloud Function。後者則是類似倚賴於 SaaS，把這類服務當作特定的後端應用，最常見的應用有 SSO（Auth0）、Managed Database（Firebase）、基礎架構服務（API Gateway）。

決定何時使用 FaaS

與開發分散式系統的許多工具一樣，將事件驅動處理這樣的特定解決方案視為萬用工具也很誘人。然而，事實是它適用於一組特定的問題。在特定的情境中，它是非常強大的工具，但將其延伸適應所有應用程式或系統，會導致過於複雜、以及脆弱設計。特別是因為 FaaS 是種新的計算工具，在討論特定的設計模式之前，值得討論使用事件驅動計算的好處、局限性和最適情境。

FaaS 的優點

FaaS 的好處主要是針對開發人員，它大大簡化了從程式碼到運行服務的距離。由於沒有任何產出物（Artifact）要建立，或超越原始碼本身之外的事，FaaS 讓程式碼在雲端執行變得間單，不管是在筆記型電腦上，或者直接在網頁瀏覽器上開發。

同樣，部署的程式碼會自動管理和自動擴展。隨著更多流量負載到服務上，功能實例會隨著流量的增加而建立，用以處理更多請求。如果某個功能因應用程式或計算機故障而失敗，則會在其他某台計算機上自動重新啟動。

最後，就像容器一樣，功能函式是用於設計分散式系統中更細緻的建構區塊（Building Block）。功能函式是無狀態的，因此在功能函式之上建構的任何系統，它本身會比單個二進位文件中內建的類似系統，更加的模組化和解耦（Decoupling）。但是，當然，這也是在 FaaS 中開發系統的挑戰。解耦是優點也是弱點。以下部分描述了使用 FaaS 開發系統所帶來的一些挑戰。

FaaS 的挑戰

如上一節所述，使用 FaaS 開發系統會迫使你一定要解耦每個服務的細項。每個功能都是完全獨立的。唯一的通訊是網路，每個功能實例都不能有本機記憶體，要求所有狀態都保存在儲存服務（Storage Service）中。這種強制解耦可以提高開發服務的靈活性和速度，但也會使同一服務的維運變得複雜化。

特別是，通常很難獲得對服務的全面了解，這取決於各種功能如何相互整合，並了解出現問題的時間以及出錯的原因。另外，基於請求和 Serverless 功能意味著某些問題很難被發現。例如，若要實現以下功能：

- *functionA()* 調用 *functionB()*

- *functionB()* 調用 *functionC()*

- *functionC()* 調用回 *functionA()*

現在，當請求進入任何這些函式時會發生什麼？它會啟動一個無限循環，只有當原始請求超時（甚至可能不是），或者當你沒錢來支付系統中的請求時才會終止。顯然，上面的例子是人為造成，但實際上很難在程式碼中檢測到。由於每個函式與其他函式從根本上解耦，因此不存在不同函式之間的依賴關係或交互的真實表示。

這些問題並非無法解決，我預期隨著 FaaS 的成熟，更多的分析和除錯工具將提供更豐富有效的體驗，用以了解由 FaaS 組成的應用程式，它的執行路徑究竟是如何以及為什麼。

目前，在採用 FaaS 時，必須保持警惕，對系統的行為方式採取嚴格的監控和警報，以便在問題成為重大問題之前檢測情況並予以糾正。當然，由於部署到 FaaS 的簡單性，監控導入的複雜性會顯得相對複雜，這是開發人員必須克服的摩擦。

背景程序所需要的條件

FaaS 本質上是一種事件基礎的應用程式模型。執行函式用來回應發生的離散事件（Discrete Events）並觸發函式的執行。另外，由於這些服務的實現的 Serverless 特性，任何特定功能的執行期（Runtime）通常是時間綁定（Time Bounded）[譯註2]。這意味著 FaaS 通常不適合需要處理程序性的情況。

舉例來說，背景程序可能是處理視訊轉碼、日誌檔的壓縮、或者其他低優先權，但是需要長時間的運算。其中可能有很多是透過排程觸發，該觸發器在特定的時間點，組成驅動函式的事件。雖然這非常適合響應時間事件（例如，觸發文字訊息告警，用來喚醒某人），但仍然無法滿足通用背景程序的基礎。為了達到這樣的需求，需要在支援長時運行程序的環境中啟動程式碼。這意味著，背景程序的應用程式，已經從依照請求付費（pay-per-request）模型，改成依照使用付費（pay-per-consumption）模型。

[譯註2] 一般應用程式的資源特性分成 CPU-Bound、Memory Bound、I/O Bound，但是對 Serverless 來講則是時間（Time-Bound）。

儲存在記憶體中所需要的條件

除了維運挑戰之外，還有些架構上限制，使 FaaS 不適合某些類型的應用程式。第一個限制是需要將大量資料載入到記憶體中，然後才能處理使用者請求。在各種服務中（例如，提供文件的搜索索引），其需要在記憶體中載入大量資料，以便隨時服務使用者請求。即使具有相對快速的儲存層，載入這樣的資料也可能比使用者請求所需的時間長得多。因為使用 FaaS，功能函式本身會在使用者請求時，動態的轉動起來，過程中載入大量資料與細節可能會影響延遲時間，這樣可能會明顯增加延遲時間，影響使用者互動時的感覺。當然，一旦 FaaS 的實例建立，它就可以處理大量請求，因此這個載入成本可以在大量請求中分攤。但是，如果你有足夠數量請求，來保持功能函式處於活動狀態，那麼可能需要為正在處理的請求付出過高的代價。

基於持續請求的處理成本

公有雲 FaaS 的成本模型是以每個請求作為定價標準。如果每分鐘或每小時只有幾個請求，這是很棒的方法。在這種情境下，服務大部分時間都處於等待狀態，並且依據請求付費模式，只需支付服務提供請求的時間。反之，如果透過容器或虛擬機中的長時間運行的服務來處理請求，那麼一定要為處理器的處理週期付費，但這些週期主要的時間是在等待使用者的請求。

但是，隨著業務的增長，服務的請求數量會增加到可以使處理器處於持續活動的狀態，然後持續處理用戶請求。此時，按請求付費模式的經濟性開始變差，而且只會變得更糟，因為隨著增加更多核心（以及透過預留或持續使用折扣等承諾資源），雲端虛擬機的成本通常會降低而每次請求的成本在很大程度上隨請求數量線性增長。

因此，隨著你的服務不斷發展和演進，使用 FaaS 的可能性也很大。擴展 FaaS 的一種理想方法，是執行在像 Kubernetes 這樣的容器協調器上執行的開源 FaaS。如此，你依舊可以利用 FaaS 的開發人員優勢，同時利用虛擬機的定價模型。

FaaS 模式

此外，除了了解事件驅動與 FaaS 架構在部署的權衡，是屬於分散式系統的一部分，同時了解部署 FaaS 最佳的方法，對於一個成功系統的設計是至關重要的。本節介紹了一些用於整合 FaaS 的規範模式。

修飾模式：請求或回應資料轉換

FaaS 非常適合部署簡單的功能，這些功能可以接收輸入，將其轉換為輸出，然後將其傳遞給不同的服務。此通用模式可用於增強或修飾（Decorate）進出不同服務的 HTTP 請求。該模式的基本說明如圖 8-1 所示。

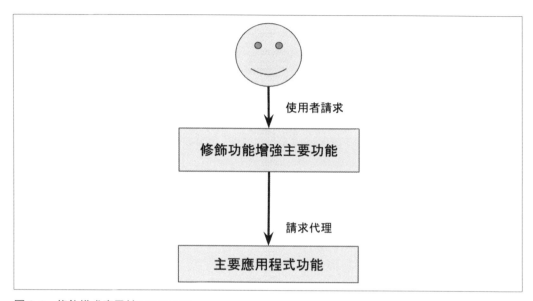

圖 8-1　修飾模式應用於 HTTP APIs

有趣的是，在程式語言中，這種模式有幾種類比。特別是，Python 中的修飾者模式（Decorator Pattern）是近似於模擬可以執行請求或回應修飾者的服務。因為修飾轉換通常是無狀態的，並且因為隨著服務的發展，它們經常被增加到既有程式，透過 FaaS 實踐是最理想的服務。此外，FaaS 的輕巧意味著，在最後完整引入服務的實踐之前，你可以先透過實驗各種不同的修飾者。

修飾者模式一個很好的例子是針對 HTTP RESTFul API 的輸入設定預設值。在 API 的許多情況下，如果欄位為空，它的值理應要有合理的預設值。例如，你可能希望欄位預設為 true，但在傳統 JSON 中很難實現此目的，因為欄位的預設值為 null，通常被理解為 false。要解決此問題，可以在 API 伺服器的前面，或在應用程式程式碼本身內增加預設邏輯（例如，if (field == null) field = true）。然而，這兩種解決方法都有些了無新意，因為預設機制在概念上，相對於請求處理是獨立的。反之，我們可以使用 FaaS 修飾者模式在用戶和服務實現之間轉換請求。

由於之前對單節點部分中的適配器模式（Adapter Pattern）的討論，你可能想知道，為什麼我們不將這個預設值打包為適配器容器。這是一種完全合理的方法，但它確實意味著我們要將預設服務的規模與 API 服務本身相結合。實際上，預設是輕量級操作，我們可能需要處理負載的機器，會比服務本身少得多。

 對於本章中的範例，我們將使用 kubeless（*https://github.com/kubeless/kubeless*）FaaS 框架。 Kubeless 部署在 Kubernetes 容器編排服務之上。假設你已經配置了 Kubernetes 集群，可以從其發布頁面（*https://github.com/kubeless/kubeless/releases*）安裝 Kubeless。 安裝 kubeless 二進位檔後，可以使用以下指令將其安裝到群集中：kubeless install。

Kubeless 將自己安裝為本機 Kubernetes 第三方 API。這表示一旦安裝好之後，就可以使用本機 kubectl 指令。例如，可以使用 kubectl get 函式查看已部署的函式。目前應該沒有部署任何函式。

實作：為請求程序增加預設處理

要示範 FaaS 修飾者模式的效用，以一個在沒有值的時候，向 RESTful 函式呼叫增加預設值的任務為例。這使用 FaaS 會非常簡單。我們將使用 Python 編程語言編寫預設函式：

```python
# 設定預設值的函式
def handler(context):
  # 取得輸入值
  obj = context.json
  # 如果 'name' 欄位沒有值，隨機設定一個值
  if obj.get("name", None) is None:
    obj["name"] = random_name()
  # 如果 'color' 欄位沒有值，指定為 'blue'
  if obj.get("color", None) is None:
    obj["color"] = "blue"
  # 執行真正的 API，可能引用預設值
  # 然後傳回結果
  return call_my_api(obj)
```

將此函式存檔命名為 *defaults.py*。顯然的，你需要更新 call_my_api 程式碼，然後讓它呼叫實際要使用的 API。寫完程式碼後，可以使用以下指令將此預設函式安裝為 kubeless 函式：

```
kubeless function deploy add-defaults \
    --runtime python27 \
    --handler defaults.handler \
    --from-file defaults.py \
    --trigger-http
```

如果想測試這個函式的處理，也可以使用 kubeless 工具，如下：

```
kubeless function call add-defaults --data '{"name": "foo"}'
```

修飾者模式顯示了如何在既有的 API 調整或者擴展功能，像是驗證和預設值等，是很容易的。

處理事件

雖然大多數系統都是透過請求驅動的，然後處理穩定的用戶和 API 請求，但許多其他系統本質上更多是事件驅動的。在我看來，至少在請求和事件之間的區別與 *Session* 概念有關。請求是更大規模的互動或 Session 的一部分；通常，每個使用者的請求，都是與完整 Web 應用程式或 API，進行大型互動行為的一部分。如我所了解，**事件**（*Event*）往往是單實例和非同步的（Asynchronous）。事件很重要，需要妥善處理，但是它們會從主要互動中被觸發，並在稍後的某些時間回應。事件的範例包括使用者註冊新服務，可能會觸發一封歡迎加入的信件，然後有人上傳檔案到共享資料夾（可能會送通知信給所有有資料夾權限存取的人），甚至是即將執行中的機器重啟（可能會通知維運人員或者自動化系統，採取適當的措施）。

因為這些事件往往在很大程度上是獨立的和無狀態的，並且因為事件驅動的速率可以變化很大，所以它們是事件驅動和 FaaS 架構的理想候選者。在此角色中，它們通常與正式環境的應用程式伺服器一起部署，作為主要用戶體驗的擴充，或處理某種被動的背景程序。此外，由於新事件常常會動態增加到服務中，因此部署函式的輕量級特性，非常適合定義新事件處理程序。同樣，因為在概念上每個事件是獨立的，所以基於功能函式的系統一定是解耦的，實際上幫助開發人員能夠專注於處理單一類型事件，專注處理事件所需的步驟，間接的達到降低（*Reduce*）系統複雜性。

整合基於事件的實際案例：為既有的服務提供雙因素認證（Two-Factor Authentication）^{譯註 3}功能。這個案例裡，事件是使用者登入服務時觸發的。該服務針對此行為產生一個事件，觸發一個基於功能函式處理程序，該處理程序取得使用者程式碼、使用者資訊、然後透過文字訊息送出雙因素認證碼。

實作：雙因素認證

雙因素認證需要使用者具備已知的資訊（如密碼），還有他們擁有的東西（像是電話），才能登入到系統。雙因素認證驗證比只使用密碼更安全，因為它需要兩種不同的安全性驗證（小偷得同時拿到密碼跟手機）才能通過。

當實作雙因素驗證時，其中一個挑戰是，如何處理生成隨機程式碼的請求，並將其註冊到登入服務以及發送文字訊息。可以將此程式碼增加到主登入 Web 伺服器。但它複雜而單一，同時強制發送文字訊息（可能有些延遲）的行為與呈現登錄網頁的程式碼一致。這種延遲會產生不合標準的使用者體驗（UX）。

比較好的方法是註冊一個 FaaS，用非同步的方式產生隨機數，一起註冊到登入服務，然後發送隨機碼到使用者的電話。透過這樣的方式，登入伺服器可以驅動一個非同步 webhook 請求給 FaaS，然後 FaaS 可以稍慢而且非同步的方式處理註冊雙因素認證，和發送文字訊息。

要了解其工作原理，請參考以下：

```
def two_factor(context):
    # 產生一個長度為六的亂數
    code = random.randint(100000, 999999)

    # 將此數註冊到登入服務
    user = context.json["user"]
    register_code_with_login_service(user, code)

    # 使用 twillio 函式發送文字簡訊
    account = "my-account-sid"
    token = "my-token"
    client = twilio.rest.Client(account, token)
```

譯註 3　除了雙因素認證，另外也有多因素驗證（Multi-Factor Authentication, MFA）。另外雙因素認證與兩階段驗證（Two-Step Verification）是不一樣的，前者結合了兩種不同的授權方式；後者則是兩次都使用同樣的授權方法。因素（Factor）指的是授權因子，可以是密碼、手機驗證、Email、DNS 驗證等。

```
user_number = context.json["phoneNumber"]
msg = "Hello {} your authentication code is: {}.".format(user, code)
message = client.api.account.messages.create(to=user_number,
                                             from_="+12065251212",
                                             body=msg)

return {"status": "ok"}
```

然後我們可以用 kubeless 註冊這個 FaaS：

```
kubeless function deploy add-two-factor \
    --runtime python27 \
    --handler two_factor.two_factor \
    --from-file two_factor.py \
    --trigger-http
```

然後，只要使用者成功提供密碼，就可以透過客戶端 JavaScript 的非同步建立此函式。然後，Web UX 可以立即顯示一個頁面來輸入程式碼，同時使用者（一旦他們收到文字簡訊的程式碼）就可以將程式碼送給服務，而這個程式碼已經透過我們的 FaaS 註冊。

同樣，使用 FaaS 開發一個簡單的、非同步的、基於事件的服務，只要使用者登入就會觸發該服務。

基於事件的流水線作業

有些應用程式它們本質上容易以解耦事件的流水線程序（Pipeline）來思考。這些事件流水線程序通常類似於舊有的流程圖。它們可以用連結事件同步性的有向圖來表示。在事件管道模式中，每個節點代表不同的功能函式或 webhook，並且透過 HTTP 或其他網路協議將圖形的邊連接在一起，調用節點上的功能函式或 webhook。通常，流水線程序的不同部分之間沒有共享狀態，但是它們可以有個共享儲存服務用來查詢前後需要的參考資訊。

那麼，流水線程序和「微服務」架構這兩種類型之間有什麼不同？有兩個主要的差異。其一，一般功能和長期運行服務（long-running service）之間的主要區別，即基於事件的流水線程序本質上是由事件驅動的，而微服務架構由長期運行的服務構成。其二，事件驅動的流水線程序，其中連接在一起的事物中可能是高度非同步與多樣化的。例如，雖然很難了解人們如何批准一張在追蹤系統中的工單，類似於 Jira 可以與微服務應用程式整合，但是卻很容易了解事件如何被整併到事件驅動的流水線程序中。

如同這樣的例子,想像一個流水線程序,其中原始事件是提交到原始碼管控系統的程式碼。然後,事件觸發建置任務。建置任務需要幾分鐘才能完成,當它建置的時候,它會觸發另一個事件建置分析功能。依據建置的結果,成功或失敗,此功能將執行不同的處理動作。如果建置成功,將會建立一張工單,用來讓人可以審批,可以推送到正式環境。一旦工單完成後,關閉的動作會觸發實際部署到正式環境的推送。如果建置失敗,則會對失敗提交缺失工單(bug),事件的流水線程序到此結束。

實作:新註冊使用者的流水線程序

若要實作新使用者註冊流程,當建立一個新的使用者帳號時,有些任務一定要完成,像是送封歡迎信件。而有些任務則是非必要的,像是透過電子信件註冊使用者接收產品更新資訊(有時會稱為「垃圾信件」)。

一個實作此邏輯的方法是將所有東西放到一個單一*使用者建置*(*user-creation*)伺服器中。不過,這意味著有一個團隊必須擁有整個使用者建置服務,同時整個團隊的經驗都是部署成單一服務。這兩個表示,要執行實驗或者更改使用者體驗會更加的困難。

相反的,如果用一系列 FaaS 的事件流水線程序,實作使用者登入體驗。在此拆分中,使用者建置函式實際上不會知道使用者登入發生的細節。主要的使用者建置服務只會有兩個列表:

- 必要任務的列表(例如發送歡迎信件)

- 選擇性任務的列表(例如將使用者訂閱加入至信件列表)

這裡的每個任務都實作成 FaaS,任務的列表實際上只是 webhook 清單。因此,主要的使用者建置函式如下:

```
def create_user(context):
    # 對於必要的事件處理程序,請盡量調用
    for key, value in required.items():
        call_function(value.webhook, context.json)

    # 對於選擇性的事件處理程序,一條件檢查後調用
    for key, value in optional.items():
        if context.json.get(key, None) is not None:
            call_function(value.webhook, context.json)
```

現在我們也可以使用 FaaS 來實作這些處理程序：

```python
def email_user(context):
  # 取得使用者名稱
  user = context.json['username']

  msg = 'Hello {} thanks for joining my awesome service!".format(user)

  send_email(msg, contex.json['email'])


def subscribe_user(context):
  # 取得使用者名稱
  email = context.json['email']
  subscribe_user(email)
```

透過這種方法，每個 FaaS 都簡單，只包含幾行程式碼，並且專注實現一個特定的功能。這種基於微服務的方法是很容易編寫的，但如果我們實際上必須部署和管理三種不同的微服務，這方法導致複雜性。這時候 FaaS 就可以發揮作用了，因為它讓這些小程式的管理變得非常容易。此外，將使用者建置流程透過可視化為事件驅動流水線程序，只要透過了解流程中，流水線程序上下文的資訊流，就可以直接了解使用者登入的實際狀況。

## 第九章

所有權選舉

我們在前面章節了解關於分配請求的模式，分配請求是為了以秒為單位擴展請求、以狀態做服務、或者處理請求的時間。多節點服務模式的最後一章，我們將討論如何擴展分配。在許多不同的系統中，已經有*所有權*（*Ownership*）概念，其中特定程序（Process）擁有特定任務（Task）。我們之前已經在分片（Sharded）和熱分片（Hot-Sharded）系統的前後關係中了解這一點，系統特定的機器中（Instance）擁有特定的分片索引鍵空間（Sharded Key Space）。

在單伺服器的情況下，所有權通常很容易實現，因為只有一個應用程式建立所有權，而且可以使用成熟的程序鎖，確保只有一個使用物件能夠擁有特定分片或者前後關係。不過，所有權限制了單一應用程式的可擴展性，任務無法複製成複本程序，無法達到可靠性。如果任務失敗了，在短時間之內就無法使用。因此，當系統需要所有權時，那麼就需要開發一個用於建立所有權的分散式系統。

圖 9-1 描述一般的分散式所有權（Distributed Ownership）。在圖中，有三個複本，它們可以是所有者（Owner）或主要所有權（Master）。一開始，第一個複本是主要的。然後該複本故障了，然後第三個複本成為主要的。最後，第一個複本恢復並回到群組，但複本三仍是主要的。

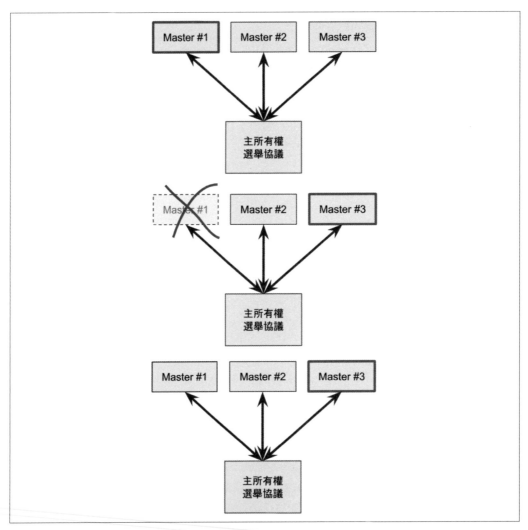

圖 9-1　運作中的主選舉協議：一開始選擇第一個複本作主要，當它故障時，第三個接管主要所有權的任務

通常，建立分散式所有權是設計一個可靠分散式系統中，最複雜也是最重要的。

決定是否需要所有權選舉

最簡單的所有權形式是只擁有服務的單一複本。於一次只運行一個實例，這意味著有所有內容，不需要選舉。這樣的優點就是有簡單的應用程式和簡單的部署，相對在停機與可靠性的缺點。然而，對於許多應用程式來說，這種單例模式（Singleton Pattern）的簡單性可能值得在可靠性有所權衡。讓我們進一步探討。

假設，在 Kubernetes 這樣的容器編排系統，運行了單例應用程式，有以下的保證：

*   如果容器故障，它將自動重啟
*   如果容器沒反應了（Hangs），而且實作健康檢查，它將自動重新啟動
*   如果機器出現故障，容器將移至另一台機器

由於這些保證，在容器協調器中執行的服務單例，有非常好的運行時間（Uptime）。為了進一步明確定義「非常好」，我們來看看每種故障模式中會發生什麼。如果容器程序失敗或容器沒有反應，則應用程式將在幾秒鐘後重新啟動。假設容器每天故障一次，這大約有三到四個九的 Uptime（2 秒停機時間大約是 99.99% uptime）。如果容器不經常故障，那就更好了。如果機器出現故障，Kubernetes 需要一段時間才能確定機器出現故障，並將其移至另一台機器上，假設大約需要 5 分鐘。在這個條件下，如果叢集中的每台機器每天都出現故障，那麼服務將有兩個九的 Uptime，也就是 99%。老實說，如果叢集中的機器每天都故障，這個問題比服務的正常運行時間嚴重。

當然，值得思考的是，停機理由並不只是因為機器故障。當部署新的軟體[譯註1]，下載並啟動新版本需要時間。使用單一機器，新舊版本無法同時執行，所以必須要在升級版本時間承擔停機，如果下載的映像檔很大，則會需要花時間。因此，如果每天部署，每次需要花兩分鐘升級軟體，那麼只剩下兩個九的服務時間，而且如果每小時部署一次，可能會變成只剩一個九的服務。當然，使用預先安裝在機器上的映像檔，然後再以此更新的方法可以加速部署速度。這樣可以降低時間部署新版本的時間，但是要權衡的是複雜性會增加，這是一開始的時候要避免的。

[譯註1] 此處指的是中介軟體（Middleware）或者作業系統版本更新。中介軟體可以是應用程式伺服器（Tomcat、IIS）、或者其他依賴的第三方工具。

無論如何，很多應用程式（像背景非同步程序），它們的 SLA 以應用程式的簡易性來講，是可以有取捨權衡的。設計分散式系統其中一個關鍵組成，是決定「分散的」部分在怎樣的時機點，實際不需要太複雜，反而可以簡單化。但在某些狀況下，像是高可用（HA，超過四個九）這樣有關鍵元件的應用程式，這樣的系統中，必須運行多個服務複本，其中只有一個複本指定所有權。這種類型系統的設計將在後面章節中介紹。

主要所有權選舉的基礎

想像一下，有一個服務叫 *Foo*，它有三個複本：*Foo-1*、*Foo-2* 和 *Foo-3*。還有一些物件 *Bar* 必須一次只能由一個複本「擁有」（例如 *Foo-1*）。通常，此複本稱為**主要複本**（*Master*），因此這個術語**所有權選舉**（*Master Election*）用於描述這樣的過程：如果主要複本發生故障，新的主要複本如何選擇。

有兩種方法可以實作所有權選舉。首先實作分散式一致性演算法（Distributed Consensus Algorithm）的是 Paxos[譯註2] 或 RAFT[譯註3]，但這些演算法太過複雜超過本書的範圍，而且不值得實作。實作這些演算法，類似於實作組合語言上的 compare-and-swap（簡稱 CAS）[譯註4] 指令的鎖機制（lock）。對於本科計算機科學課程來說，這是一項有趣的練習，但這在現實中並不值得做。

幸好有很多分散式鍵值儲存（key-value store）已經實作這些一致性演算法。在一般情況下，這些系統提供了複本、可靠的資料儲存，以及在上層建立複雜的鎖和選舉權抽象層所必要的原始功能（Primitive）。這些分散式儲存的範例包含有 etcd、ZooKeeper 和 consul。這些系統提供的原始能力是為特定的鍵值（key）執行 CAS 操作。如果你之前沒有看過 CAS，它基本上是一個原子操作（Atomic Operation）[譯註5]，如下所示：

譯註2　Leslie Lamport 是美國計算機科學家，2013 年獲得圖靈獎，他也是著名排版系統 LaTeX 的開發者。他在 1982 年提出拜占庭問題論文 "The Byzantine Generals Problem"。1990 年發表的論文 "The Part-time Parliament" 提出 Paxos 共識演算法，此演算法後來被大量應用在 Google Chubby、ZooKeeper 的分散式鎖的實作。Paxos 演算法影響甚鉅，Google Chubby 作者 Mike Burrows 甚至這樣說：世界上只有一種一致性演算法，就是 Paxos（There is only one consensus protocol, and that's Paxos）。

譯註3　RAFT 演算法由史丹佛大學的 Diego Ongaro 和 John Ousterhout 於 2014 年的論文 "In Search of an Understandable Consensus Algorithm" 提出。詳細參閱 *https://raft.github.io/*。

譯註4　Compare-and-Swap (CAS)：屬於原子性操作的一種。

譯註5　原子性操作（Atomic Operation）是執行緒同步機制的一種，主要目的是：不可以被中斷一個，或者一個系列的操作。其他執行緒同步機制還有：Mutex、Spinlock（自旋鎖）、Condition、Read/Write Lock、Semaphore，它們在不同平台上有不同的實作方法。

```go
var lock = sync.Mutex{}
var store = map[string]string{}

func compareAndSwap(key, nextValue, currentValue string) (bool, error) {
  lock.Lock()
  defer lock.Unlock()
  _, containsKey := store[key]
  if !containsKey {
    if len(currentValue) == 0 {
      store[key] = nextValue
      return true, nil
    }
    return false, fmt.Errorf("Expected value %s for key %s, but
    found empty", currentValue, key)
  }
  if store[key] == currentValue {
    store[key] = nextValue
    return true, nil
  }
  return false, nil
}
```

如果現有值與預期值匹配,則 CAS 以原子方式寫入新值。如果值不匹配,則返回 false。如果該值不存在且 currentValue 不為 null,則回傳錯誤。

除了 CAS 之外,鍵值儲存允許為鍵值指定的有效時間(TTL)。TTL 過期後,鍵值將重新設定為空值(empty)。

總之,這些功能足以實現各種分散式同步原始功能。

實作:部署 etcd

etcd(*https://coreos.com/etcd/docs/latest/*)是由 CoreOS 開發的分散式鎖(Distributed Lock)服務。它強韌且耐用,在大規模生產中得到驗證,並被包括 Kubernetes 在內的各種專案所採用。

還好由於兩個不同的開源專案的發展,使得部署 etcd 變得非常容易:

- Helm(*https://helm.sh*):Microsoft Azure 支援的 Kubernetes 套件管理服務

- CoreOS 開發的 etcd operator(*https://coreos.com/blog/introducing-the-etcd-operator.html*)

CoreOS 正在探索 Operators 這個有趣的主題。一個 Operator 是在容器協調器內運行的線上程式，其目的是執行一個或多個應用程式。Operator 負責建立、擴展和維護程式的正常維運。使用者透過所需的狀態 API 配置應用程式。例如，etcd operator 負責監控 etcd 自己。Operator 仍然是一個新想法，但代表了建置可靠分散式系統的重要新方向。

要為 CoreOS 部署 etcd operator，我們將使用 helm 套件管理工具。Helm 是一個開源軟體套件管理器，是 Kubernetes 專案的一部分，由 Deis 開發。Deis 這家公司於 2017 年被 Microsoft Azure 收購，Microsoft 繼續支援 Helm 的進一步開源開發。

如果你是第一次使用 helm，需要按照以下網址的說明安裝 helm 工具：
https://github.com/kubernetes/helm/releases。

在環境中安裝了 helm 工具後，使用 helm 安裝 etcd operator，如下所示：

```
# 初始化 helm
helm init

# 安裝 etcd operator
helm install stable/etcd-operator
```

安裝 operator 後，它會建立一個自定義 Kubernetes 資源來表示 etcd 集群。Operator 正在執行，但還沒有 etcd 叢集服務。要建立 etcd 集群，需要建立宣告配置文件，如下：

```
apiVersion: "etcd.coreos.com/v1beta1"
kind: "Cluster"
metadata:
  # 在這裡取你想要的名字
  name: "my-etcd-cluster"
spec:
  # 數字 1, 3, 5 是可選擇的大小
  size: 3
  # etcd 安裝的版本
  version: "3.1.0"
```

將此配置檔儲存成 *etcd-cluster.yaml*，然後使用 kubectl create -f etcd-cluster.yaml 建立叢集。

建立此叢集將用 operator 為 etcd 叢集的複本建立 pod。可以使用以下指令查詢正在執行的複本：

```
kubectl get pods
```

一旦這三個複本開始執行，用以下指令取得 endpoints：

```
export ETCD_ENDPOINTS=kubectl get endpoints example-etcd-cluster
"-o=jsonpath={.subsets[*].addresses[*].ip}:2379,"
```

可以用底下指令存一些東西到 etcd：

```
kubectl exec my-etcd-cluster-0000 -- sh -c "ETCD_API=3 etcdctl
--endpoints=${ETCD_ENDPOINTS} set foo bar"
```

實作鎖服務

最簡單的同步形式是互斥鎖（又稱 Mutex）。在一台機器上完成併發編程的人都熟悉鎖[譯註6]，相同的概念可以套用於分散式複本。這些分散式鎖可以依據前面描述的分散式鍵值儲存來實作，而不是本地儲存器和彙編指令。

如同在記憶體中使用鎖，第一步是取得鎖物件，如下程式碼：

```
func (Lock l) simpleLock() boolean {
  // 比較並將 1 換成 0
  locked, _ = compareAndSwap(l.lockName, "1", "0")
  return locked
}
```

當然，鎖可能不存在，因為我們是第一個應用它，所以也需要處理這種情況：

```
func (Lock l) simpleLock() boolean {
  // 比較並將 1 換成 0
  locked, error = compareAndSwap(l.lockName, "1", "0")
  // 鎖並不存在，嘗試寫入 1
  if error != nil {
    locked, _ = compareAndSwap(l.lockName, "1", nil)
  }
  return locked
}
```

[譯註6] 這邊指的是多執行緒鎖。

傳統的鎖會形成阻塞，直到獲得鎖，所以我們實際上需要這樣的東西：

```
func (Lock l) lock() {
  while (!l.simpleLock()) {
    sleep(2)
  }
}
```

這個實現雖然很簡單，但是在獲取鎖之前，鎖被釋放後總是會等待至少一秒。還好，許多鍵值儲存可以讓你監看異動，而不是用輪詢（polling），因此可以這樣實現：

```
func (Lock l) lock() {
  while (!l.simpleLock()) {
    waitForChanges(l.lockName)
  }
}
```

由於這種鎖函示，我們可以實作以下的解鎖函式：

```
func (Lock l) unlock() {
  compareAndSwap(l.lockName, "0", "1")
}
```

你可能覺得已經完成了，不過要知道，我們正在為分散式系統建置這樣的功能。一個執行程序會在持有鎖的中間過程中失敗，同時那時候沒有其他程序可以釋放鎖。在這種情況下，我們的系統將陷入卡住的困境。為了解決這個問題，我們利用了鍵值儲存的 TTL 功能。我們更改了 simpleLock 函式，讓它在寫入時總是帶入 TTL，因此如果我們不需在指定時間之內解鎖，鎖會自動釋放。

```
func (Lock l) simpleLock() boolean {
  // 比較並將 1 換成 0
  locked, error = compareAndSwap(l.lockName, "1", "0", l.ttl)
  // 鎖並不存在，嘗試寫入 1
  if error != nil {
    locked, _ = compareAndSwap(l.lockName, "1", nil, l.ttl)
  }
  return locked
}
```

使用分散式鎖時，確保程序執行的時間不會超過鎖 TTL，這一點是很重要的。一個好的實踐方法是：獲得鎖時，設定一個看門狗（Watchdog）定時器。監視程序包含一個斷言（Assertion），如果鎖的 TTL 在調用 unlock 之前到期，這個斷言將讓程序故障。

透過對鎖增加 TTL，實際上已經在 unlock 函式引入了一個錯誤。可能會有以下狀況：

1. Process-1 取得鎖，這個鎖的 TTL 值為 t。

2. 由於某種原因，Process-1 運行速度非常慢，時間超過 t。

3. 鎖到期。

4. Process-2 獲取鎖定，因為 TTL 到期所以 Process-1 遺失鎖。

5. Process-1 完成並調用 *unlock*。

6. Process-3 獲得鎖[譯註 7]。

在這一點上，Process-1 認為它已經解開在一開始時所擁有的鎖；它不知道它實際上已經因 TTL 過期丟失了鎖，實際上解鎖了 Process-2 持有的鎖。然後 Process-3 出現並奪到鎖。現在，Process-2 和 Process-3 都認為它們擁有鎖，然後就越來越熱鬧了。

還好，鍵值儲存為每次執行的寫入操作，提供了**資源版本**（*Resource Version*）。我們的鎖函式可以儲存此資源版本，並擴充 compareAndSwap 函式，以確保不僅值是預期的，而且資源版本與鎖定操作發生時維持相同。這改變了這個 simpleLock 函式，如下所示：

譯註 7　補充上述圖示

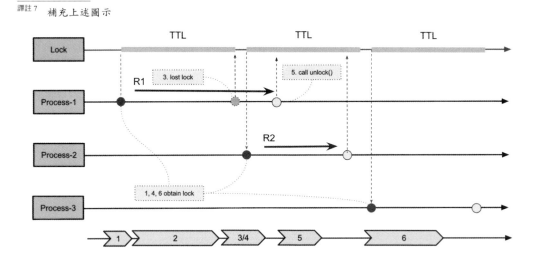

```
func (Lock l) simpleLock() boolean {
  // 比較並將 1 換成 0
  locked, l.version, error = compareAndSwap(l.lockName, "1", "0", l.ttl)
  // 鎖並不存在，嘗試寫入 1
  if error != null {
    locked, l.version, _ = compareAndSwap(l.lockName, "1", null, l.ttl)
  }
  return locked
}
```

然後解鎖 unlock 函式如下：

```
func (Lock l) unlock() {
  compareAndSwap(l.lockName, "0", "1", l.version)
}
```

這確保只有 TTL 尚未過期時，鎖才能被解開。

實作：在 etcd 裡實作鎖

要在 etcd 中實作鎖，可以使用鍵值（key）作為鎖和前置條件寫入的名稱，以確保一次只允許一個鎖的持有者。為簡單起見，我們將使用 etcdctl 指令來執行鎖的鎖和解鎖。

當然，實際上，你會想要使用程式語言，有大多數流行的程式語言都有 etcd 客戶端。

讓我們首先建立一個名為 my-lock 的鎖：

```
kubectl exec my-etcd-cluster-0000 -- sh -c \
  "ETCD_API=3 etcdctl --endpoints=${ETCD_ENDPOINTS} set my-lock unlocked"
```

這會在 etcd 裡一個叫 my-lock 的鎖，建立一個鍵值，同時設定初值為 unlocked。

現在我們假設 Alice 和 Bob 都想要取得 my-lock 的所有權。Alice 和 Bob 都嘗試寫入他們的名字到鎖裡，使用鎖的值是 unlocked 作為前提。

Alice 先執行：

```
kubectl exec my-etcd-cluster-0000 -- sh -c \
  "ETCD_API=3 etcdctl --endpoints=${ETCD_ENDPOINTS} \
    set --swap-with-value unlocked my-lock alice"
```

獲得了鎖。現在 Bob 嘗試取得鎖：

```
kubectl exec my-etcd-cluster-0000 -- sh -c \
  "ETCD_API=3 etcdctl --endpoints=${ETCD_ENDPOINTS} \
```

```
    set --swap-with-value unlocked my-lock bob"
 Error:  101: Compare failed ([unlocked != alice]) [6]
```

可以看到 Bob 嘗試取得鎖失敗，因為 Alice 目前擁有該鎖。

為了解開鎖，Alice 寫入 unlocked，前提條件值是 alice：

```
kubectl exec my-etcd-cluster-0000 -- sh -c \
  "ETCD_API=3 etcdctl --endpoints=${ETCD_ENDPOINTS} \
      set --swap-with-value alice my-lock unlocked"
```

實作所有權

雖然鎖對於重要元件建立暫時的所有權是非常有用的，有時候你會想要為正在運行的元件，在持續的時間內取得所有權。例如，在 Kubernetes 的高可用部署，排程器（Scheduler）有多份複本，但只有一個複本會主動執行調度的決策。此外，一旦它成為啟用的（active）排程器，它將保持啟用排程器，直到該程序因為某個原因故障。

顯然，要做到此目的的一種方式是將鎖的 TTL 延長到很長的時間（例如一週或更久），但如此明顯的缺點如果當前鎖的持有者發生問題，鎖的新持有者無法選擇直到一週後 TTL 過期。

相反地，我們需要建立一個可更新鎖（*Renewable Lock*），可以由所有者定期更新，以便鎖可以保留一段任意時間。

我們可以擴充之前定義的 Lock，建立**可更新鎖**，這使鎖的持有者能夠進行更新：

```
func (Lock l) renew() boolean {
  locked, _ = compareAndSwap(l.lockName, "1", "1", l.version, ttl)
  return locked
}
```

你可能希望在單獨的執行緒中重複執行此操作，以便無限期地保持鎖定。請注意，鎖物件每 ttl/2 秒更新一次，這樣，由於時間微動，鎖物件將意外到期的風險顯著降低：

```
for {
  if !l.renew() {
    handleLockLost()
  }
  sleep(ttl/2)
}
```

需要實現 handleLockLost() 函式，以便它首先終止所有需要鎖的活動。在容器編排系統中，最簡單的方法可能就是終止應用程式，並讓協調器重新啟動它。這是安全的，因為其他一些複本在過渡期間抓住了鎖，當重新啟動的應用程式重新上線時，它將變成等待鎖釋放的第二個監聽者（Listener）。

實作：在 etcd 實作租賃

為了了解如何使用 etcd 實現租賃，我們將回到之前的鎖範例，並將 --ttl=<seconds> 參數增加到鎖的建立和更新呼叫中。ttl 標記定義了一個時間，在此之後我們建立的鎖被刪除。因為鎖在 ttl 到期後消失，而不是使用 *unlocked* 值建立，我們假設缺少鎖，表示它已被解鎖。為此，我們使用 mk 指令而不是 set 指令。如果鍵值目前不存在，則 etcdctl mk 執行成功。

因此，為了鎖著租賃鎖，Alice 執行：

```
kubectl exec my-etcd-cluster-0000 -- \
    sh -c "ETCD_API=3 etcdctl --endpoints=${ETCD_ENDPOINTS} \
        --ttl=10 mk my-lock alice"
```

這會建立一個持續時間為 10 秒的租賃鎖。

為了讓 Alice 繼續持有鎖，她需要執行：

```
kubectl exec my-etcd-cluster-0000 -- \
    sh -c "ETCD_API=3 etcdctl --endpoints=${ETCD_ENDPOINTS} \
        set --ttl=10 --swap-with-value alice my-lock alice"
```

Alice 不斷將自己的名字複寫到鎖，這感覺是多餘的，但這就是延長鎖的租賃約為 10 秒 TTL 的方法。

如果由於某種原因，TTL 過期，則鎖更新失敗，並且 Alice 將使用 etcd mk 指令重新建立鎖，或者 Bob 也可以使用 mk 指令重新取得鎖。Bob 同樣需要每 10 秒設定和更新一次鎖，以保持所有權。

處理同步資料操作

即使我們已經描述了所有鎖機制，但依舊可能有兩個複本同時以為它們在短時間之內會持有鎖。要了解這是如何發生的，想像一下原來的鎖持有者變得如此不堪重負，以致於它的處理者暫時停止運行幾分鐘。這很可能發生在過多排程的機器上。在這種情況

下，鎖持有者將超時擁有，而其他複本將擁有鎖。現在，處理者釋放了原始鎖的複本。顯然，handleLockLost() 函式很快地被呼叫，但是會有短暫的時間，複本仍然認為它持有鎖。雖然類似的事件不太可能發生，但是面對這樣的狀況，系統需要被建置成有強韌性。要採取的第一步是使用如下函式仔細檢查鎖是否仍然存在：

```
func (Lock l) isLocked() boolean {
  return l.locked && l.lockTime + 0.75 * l.ttl > now()
}
```

如果此函式需要針對任意程式碼執行之前，此程式透過鎖保護，那麼兩個主要的服務活動狀態會降低，但是，重要的且要注意的是：鎖的持有並未被完全解除。鎖的過時總是發生在檢查鎖和執行保護程式碼之間。為了防止這些情況，從複本呼叫的系統，需要驗證複本送出的請求是主要的。所以除了鎖的狀態之外，持有鎖的複本的主機名還儲存在鍵值儲存（key-value store）中。如此，其他人可以仔細檢查宣稱是主要的複本，而它實際上真的是主要的。

該系統流程如圖 9-2 所示。在第一個映像中，shard2 是鎖的擁有者，當向工作程序（worker）發送請求時，工作程序與鎖伺服器進行雙重檢查並驗證，並確認 shard2 實際上是目前的擁有者。

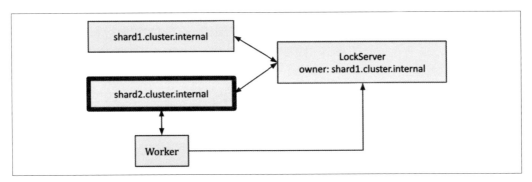

圖 9-2　工作程序重複檢查，確認請求者送出的訊息是給目前分片的所有者

在第二種情況下，shard2 失去了鎖的所有權，但它沒有意識到這一點，所以它繼續向工作節點發送請求。這次，當工作節點收到來自 shard2 的請求時，會對鎖服務進行雙重檢查，並意識到 shard2 不再是鎖擁有者，因此請求被拒絕。

為了增加最終更近一步的複雜紋路，這種情況總是可能發生：所有權在被系統獲得、失去、還有重新獲得的過程中，可能發生實際上應該被拒絕的請求，但卻成功被接受。這種可能發生的情況如下：

1. Shard-1 獲得所有權，並成為 Master。

2. Shard-1 在時間 T1 發送請求 R1，這時是 Master。

3. 網路不穩，R1 延遲交付。

4. Shard-1 由於網路問題而超過 TTL，並且失去了鎖，Shard-2 接手。

5. Shard-2 成為 Master，並在時間 T2 發送請求 R2。

6. 請求 R2 被接收並且被處理。

7. Shard-2 故障並失去所有權，所有權回到 Shard-1。

8. 請求 R1 最終完成，並且 Shard-1 是當前的 Master，因此它被接受，但這有問題，因為 R2 已經被處理[譯註8]。

這樣的事件序列似乎是拜占庭式的，但實際上，在任何大型系統中它們都會以令人不安的頻率發生。還好這與前面描述的情況類似，我們使用 etcd 中的資源版本解決了這種情況。我們可以在這裡做同樣的事情。除了在 etcd 中儲存當前所有者的名稱外，我們還會發送資源版本以及每個請求。

[譯註8] 補充上述圖示

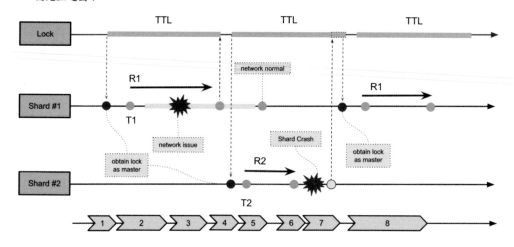

所以在前面的例子中，R1 變為 (R1, Version1)。現在，當收到請求時，雙重檢查將驗證當前所有者和請求的資源版本。如果任一匹配失敗，則拒絕該請求。這修正了這個例子。

## 第三篇

批次運算模式

前面的章節介紹了可靠、長期運行的伺服器應用程式的模式，本篇將介紹批次處理模式（Batch Processing）。與長時間執行的應用程式相比，批次處理程序預期是短時間的執行。批次處理的範例包括：產生使用者遙測資料（User Telemetry Data）的聚合、分析每日或每週報告的業務數據、或是影音檔的轉碼。

批次處理程序的特性是需要使用平行處理來加速處理巨量的資料。MapReduce 模式是最著名的分散式處理程序，它已經自成一個生態產業。但還是有其他模式可以用於批次處理程序，後面章節將介紹這些模式。

## 第十章

工作佇列系統

最簡單的批次處理形式是**工作佇列**（*Work Queue*）^{譯註1}。在工作佇列系統中，有一批工作要執行。每件工作完全獨立於另一件工作，不需要額外的互動。通常，工作佇列系統的目標是確保在一定時間內處理每個工作。主要工作單元（Workers）^{譯註2}會依照需求自動擴展，確保可以順利處理任務。圖 10-1 顯示了通用工作佇列的圖示。

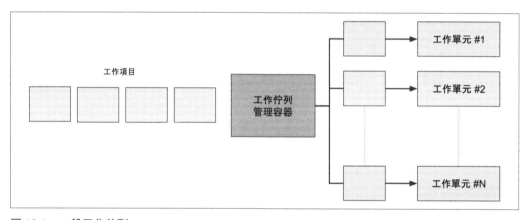

圖 10-1　一般工作佇列

譯註1　Queue 是一種資料結構，翻譯成佇列、列隊。中文口語通常不翻，本書名詞翻成佇列，動詞則維持原文不翻。

譯註2　Worker 是架構中的一種角色，通常指的是主要執行任務的實例。中文口語通常不會翻譯。本書部分地方翻譯成工作單元、工作程序、單元、程序，並適切的加註原文。

113

通用工作佇列系統

工作佇列是呈現分散式系統模式能力的理想方式。在工作佇列中大多的邏輯都是完全獨立於正在進行的工作,而且在許多情況下,工作執行的方式也可以獨立進行。為了說明這一點,請參考圖 10-1 中所示的工作佇列。再次查看這個工作佇列,確認其功能可以由**共享容器集合**(*library containers*)提供,這很明顯,容器化工作佇列的時間,可以在各種用戶之間共享,如圖 10-2 所示。

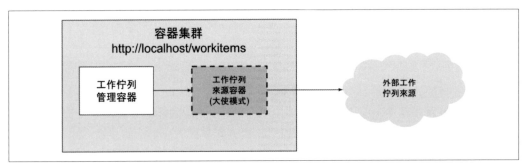

圖 10-2　與圖 10-1 中的工作佇列相同,但使用的是可重用容器。可重複使用的系統容器以白色顯示,而用戶提供的容器顯示為灰色 / 藍色。

建構可重用的容器基礎工作佇列(Container-based Work Queue),需要定義泛用功能容器(Generic Library Container)和使用者定義應用程式邏輯之間的介面。在容器化的工作佇列中,有兩個介面:一個是來源容器介面(Source Container Interface),它提供需要處理的工作項目工作流;另外一個是工作單元容器介面(Worker Container Interface),它知道如何處理工作項目。

來源容器介面

要進行操作,每個工作佇列都需要一組處理的工作項目。工作佇列有許多不同的項目來源,取決於工作佇列的實際應用。但是,只要獲得了一組工作項目,工作佇列的實際運作就非常通用了。因此,我們可以將特定於應用程式的佇列來源邏輯,與通用佇列處理邏輯分開。由於先前定義的容器群組模式,這可以被視為先前定義的大使模式(Ambassador Pattern)的範例。通用工作佇列容器是主應用程式容器,而特定於應用程式來源容器,則是一個大使容器,這個大使容器代理一般工作佇列請求,到真實世界外部所定義的工作佇列。該容器集群如圖 10-3 所示。

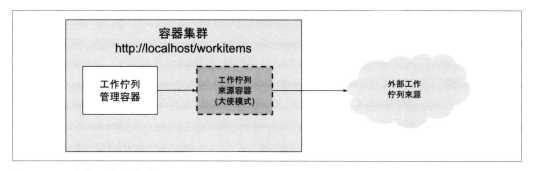

圖 10-3　工作佇列容器集群

有趣的是，雖然大使容器顯然是特定於應用程式的，但工作佇列來源（Work Queue Source）API 也有各種通用實作。例如，來源可以是儲存在雲端儲存 API 中的照片列表，或者儲存在網路儲存空間的檔案清單，或者是放在 pub/sub 系統（參閱第十一章）的佇列，像是 Kafka 或 Redis。這些情況，使用者選擇符合場景的特定工作佇列大使，但是他應該重用容器本身單一、通用的「函式庫」實作。這可以最大程度重複使用程式碼，最少化工作量。

工作佇列 API

由於通用工作佇列管理器和特殊應用程式大使之間的這種協作，我們需要對兩個容器之間的介面進行正規定義。雖然有各種不同的協議，但 HTTP RESTful API 既是最容易實作的，也是這種介面的事實標準。主要工作佇列預期大使實作以下 URL：

- GET *http://localhost/api/v1/items*
- GET *http://localhost/api/v1/items/<item-name>*

你可能想知道為什麼我們在 API 定義中包含 *v1*。這個介面會不會有 *v2*？它可能看起來不合邏輯，但在最初定義 API 時，對 API 進行版本控制的成本非常低。另一方面，在沒有它的情況下將版本重構到 API 上是非常昂貴的。因此，最好始終在 API 中增加版本，即使你不確定它們是否會發生變化。比說抱歉更安全。

這個 /items/ URL 回傳一個完整的項目清單：

```
{
    kind: ItemList,
    apiVersion: v1,
    items: [
        "item-1",
        "item-2",
        ....
    ]
}
```

這個 /items/<item-name> URL 提供特定項目的詳細資訊：

```
{
    kind: Item,
    apiVersion: v1,
    data: {
        "some" : "json",
        "object" : "here",
    }
}
```

重要的是，你會注意到此 API 沒有任何記錄已處理工作項的功能。我們本可以設計一個更複雜的 API，然後將更多的實作推送到大使容器中，但要記住，這項工作的目標是盡可能將通用實作置於通用工作佇列管理器中。為此，工作佇列管理器本身負責追蹤哪些項目已處理，以及哪些項目仍有待處理。

項目詳細資訊從此 API 獲取，`item.data` 欄位傳遞給工作單元介面進行處理。

工作單元容器介面

一旦工作佇列管理器獲得了指定工作項目，它就需要由工作單元（Worker）處理。這是通用工作佇列中的第二個容器介面。由於某些原因，此容器和介面與先前的工作佇列來源介面略有不同。第一，它是個一次性 API：單個叫用然後開始執行，並且在工作容器的整個生命週期內沒有進行任何其他 API 調用。其次，工作容器不在具有工作佇列管理器的容器集群內。相反地，它透過容器編排器的 API 啟動，然後排程到自己所屬的容器集群。這表示工作佇列管理器需要遠程呼叫工作容器才能開始工作。這也意味著我們可能需要更加小心安全，以防止叢集中的惡意用戶將外部的工作引入系統。

用工作佇列來源 API，我們使用簡單的基於 HTTP 的 API 將項目發送回工作佇列管理器。這是因為需要重複調用 API，因為一切都在 localhost 上運行，所以安全性不是問題。使用工作容器，只需要進行一次調用，而且要確保系統中的其他用戶不會意外或惡意地向工作單元增加任務。因此，對於工作容器，將使用基於檔案基礎（file-based）的 API。也就是說，當建立工作容器時，它將接收名為 WORK_ITEM_FILE 的環境變數；這將指向容器本地檔案系統的檔案，其中工作項目的資料欄位已寫入文件。具體來說，將如以下看到的，這個 API 可以透過 Kubernetes ConfigMap 物件實作，該物件可以作為檔案掛載到容器集群中，如圖 10-4 所示。

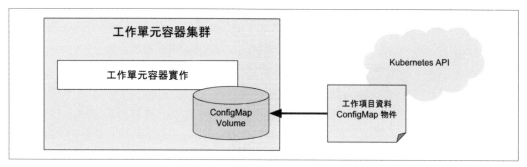

圖 10-4　工作佇列工作單元 API

這種基於檔案 API 模式，對於容器來講，也更容易實作。通常，工作佇列單元（Work Queue Worker）只是幾行簡單指令的 shell script。在這種情況下，啟動 Web 伺服器來管理要執行的工作是不必要的複雜性。與工作佇列來源實作一樣，大多數工作容器是為特定工作佇列應用程式建置的專用容器映像檔，但也有一些通用工作程序可以應用於多個不同的工作佇列應用程式。

假設有個工作佇列程序，該工作程序從雲端儲存中下載檔案，並以該檔案作為輸入，執行 shell script，最後將輸出存回雲端。類似這樣的容器，大多是通用的，但是有些特殊的腳本，執行時參數需要提供。透過這種方式，檔案處理的大部分工作，可以由多個用戶／工作佇列共享，並且只有終端使用者需要提供檔案處理的細節。

共享工作佇列基礎

前面介紹了兩個容器介面的實作，還有什麼可以實作可重用工作佇列？工作佇列的基本演算法非常簡單：

1. 透過調用來源容器介面載入可用的工作。

2. 查詢工作佇列狀態，以確定目前已經處理或正在處理的工作項目。

3. 對於這些項目，生成工作容器介面用來處理工作項目的作業。

4. 當其中一個工作容器成功完成時，記錄工作項已完成。

雖然這種演算法很容易用文字表達，但實作起來有點複雜。幸好，Kubernetes 容器協調器包含許多功能，使其更容易實作。也就是說，Kubernetes 包含一個 Job 物件，它讓工作佇列可靠的執行。可以將 Job 物件配置為一次性的工作單元容器，或者運行任務直到成功完成。如果將工作容器設定為執行完成，則即使叢集中的機器出現故障，作業最終依舊執行成功。這大大簡化了建置工作佇列的任務，因為協調器負責每個工作項目的可靠操作。

此外，Kubernetes 還為每個 Job 物件提供了註解，讓我們能夠為正在處理的工作項目，標記各自的作業註解。這使我們能夠了解正在處理的項目，以及處理的結果是失敗或成功。

放在一起，這意味著我們可以在 Kubernetes 容器編排器之上實作工作佇列，而無需使用我們自己的任何儲存服務。這大大簡化了建置工作佇列基礎架構的任務。

因此，我們的工作佇列容器的延伸操作如下所示：

Repeat forever

從工作來源容器介面（*source container interface*）取得工作項列表。

取得為服務此工作佇列而建立的所有作業的列表。

區別這些列表，以查詢尚未處理的工作項目集合。

對於尚未處理的項目，建立生成相對應工作容器的新 *Job* 物件。

底下是一個簡易 Python 腳本，它實作了這個工作佇列：

```python
import requests
import json
from kubernetes import client, config
import time

namespace = "default"

def make_container(item, obj):
    container = client.V1Container()
    container.image = "my/worker-image"
    container.name = "worker"
    return container

def make_job(item):
    response = requests.get("http://localhost:8000/items/{}".format(item))
    obj = json.loads(response.text)
    job = client.V1Job()
    job.metadata = client.V1ObjectMeta()
    job.metadata.name = item
    job.spec = client.V1JobSpec()
    job.spec.template = client.V1PodTemplate()
    job.spec.template.spec = client.V1PodTemplateSpec()
    job.spec.template.spec.restart_policy = "Never"
    job.spec.template.spec.containers = [
        make_container(item, obj)
    ]
    return job

def update_queue(batch):
    response = requests.get("http://localhost:8000/items")

    obj = json.loads(response.text)
    items = obj['items']

    ret = batch.list_namespaced_job(namespace, watch=False)

    for item in items:
        found = False
        for i in ret.items:
            if i.metadata.name == item:
                found = True
        if not found:
            # 這個函數建立 job 物件，為了簡潔起見，在此省略
            job = make_job(item)
```

```
                batch.create_namespaced_job(namespace, job)

config.load_kube_config()
batch = client.BatchV1Api()

while True:
    update_queue(batch)
    time.sleep(10)
```

實作：影片預覽產生器

要提供如何使用工作佇列的具體範例，以一個影片預覽產生器為例。這些預覽圖可幫助使用者決定要觀看的影片。要實作此影片預覽器，我們需要兩個不同的使用者容器。第一個是工作項目來源容器。最簡單的方法是讓工作項出現在共用磁碟上，例如共享的網路檔案系統（NFS）。工作項目來源只是列出此目錄中的檔案，並將它們返回給調用者。這是一個簡單的節點程式，它執行此操作：

```
const http = require('http');
const fs = require('fs');

const port = 8080;
const path = process.env.MEDIA_PATH;

const requestHandler = (request, response) => {
        console.log(request.url);
        fs.readdir(path + '/*.mp4', (err, items) => {
                var msg = {
                        'kind': 'ItemList',
                        'apiVersion': 'v1',
                        'items': []
                };
                if (!items) {
                        return msg;
                }
                for (var i = 0; i < items.length; i++) {
                        msg.items.push(items[i]);
                }
                response.end(JSON.stringify(msg));
        });
}

const server = http.createServer(requestHandler);
```

```
server.listen(port, (err) => {
        if (err) {
                return console.log('Error starting server', err);
        }

        console.log(`server is active on ${port}`)
});
```

此來源將電影佇列定義為預覽圖。我們使用 ffmpeg 工具程序來執行預覽圖工作。

你可以建立一個容器，它使用以下指令：

```
ffmpeg -i ${INPUT_FILE} -frames:v 100 thumb.png
```

這段指令會在每一百個影格（frame）中取一個影格（也就是參數 -frame:v 100），然後輸出成 PNG 檔（例如，thumb1.png、thumb2.png）。

可以使用現有的 ffmpeg Docker 映像檔實作此影像處理。這個 Docker 映像檔是很受歡迎的選擇：jrottenberg/ffmpeg（*https://hub.docker.com/r/jrottenberg/mpeg/*）。

透過定義簡單的來源容器，以及一個更簡單的工作單元容器，我們可以清楚地看到基於容器通用佇列（排隊）系統的功能和實用性。它大大減少了實作工作佇列的想法，還有對應的具體實作之間的時間和距離。

工作程序的動態擴展

當工作項目進入佇列的速度，和處理項目速度一樣快的時候，前面描述的工作佇列會很適合。但是會導致突發資源負載，都放置在容器協調器叢集上。如果有很多不同的工作負載會併發在不同時間，而且你可以保持基礎架構均勻的利用，這會是很好的。但如果針對不同的工作負載，沒有足夠的數量，那麼大量或者少量擴展工作佇列的方法會是需要的，可能需要臨時過度配置資源，滿足突發事件的需求（而且可能會花很多錢），而且會暫時閒置且沒工作執行。

要解決此問題，可以限制工作佇列建立的 Job 物件的總數。這自然會限制平行處理的工作項數量，從而限制在特定時間使用的最大資源量。但是，這樣的做法，在高負載情況下，會增加每個工作項目完成的時間（延遲）。如果負載是突發性的，那麼這可能沒問題，因為可以使用空閒時間，來處理突發期間被排擠後累積的工作項目。不過，如果穩態（steady-state）使用率太高，工作佇列可能永遠無法趕上，完成時間將變得越來越長。

當工作佇列面臨這種情況時，需要讓它動態調整自己，增加建立的平行性（以及對應使用的資源），以便可以跟上跟進的工作。還好我們可以使用數學公式來確定何時需要動態擴展工作佇列。

假設有個工作佇列，其中平均每分鐘新工作項目會到達一次，每個項目平均需要 30 秒才能完成。這樣的系統能夠跟上收到的所有工作。即使大量工作一次到達並建立了累積的工作，平均工作佇列也會為每個到達的工作項處理兩個工作項，因此它將能夠逐步完成其累積的工作。

反之，如果新工作項目平均每分鐘到達一次，並且每個項目平均需要一分鐘來處理，那麼系統是完全平衡的，但它不能很好地處理變化。它可以獲取了突發性任務──但它需要一段時間，而且沒有閒置或容量來接收新持續成長的工作數量。這可能不是一種理想的運行方式，因為需要一定的增長安全容量，同時其他工作的持續增長（或處理中意外的降速）來保持穩定的系統。

最後，假設有個系統，其中工作項目每分鐘到達，每個項目需要 2 分鐘來處理。在這樣一個系統中，我們總是在失控的。工作佇列將無止境的增加，佇列中任何一個項目的延遲將成長到無限大（而且使用者會非常失望）。

因此，我們可以追蹤工作佇列的這兩個指標，並且工作項目在較長時間內的平均時間（# 工作項目 / 24 小時）將提供新工作的**間隔時間**（*Interarrival Time*）。我們還可以在開始處理任何一個項目時，追蹤處理任何一個項目的平均時間（不計算佇列中的任何時間）。要擁有穩定的工作佇列，我們需要調整資源數量，讓處理任何項目的時間，小於新項目的到達間隔時間。如果平行處理工作項目，還會依照平行性劃分工作項目的處理時間。例如，如果每個項目需要一分鐘處理，但我們平行處理四個項目，則處理一個項目的有效時間為 15 秒，因此我們可以維持 16 秒或更長時間的間隔時間。

這種方法使得建置自動擴展器（autoscaler）以動態調整工作佇列的大小非常簡單。確定工作佇列的大小有點棘手，但是可以使用相同的數學運算和啟發式作為想要維護的安全邊界的備用容量。例如，可以減少平行度，直到項目的處理時間是新項目的到達間隔時間的 90％。

多重工作單元模式

本書的主題之一是使用容器來封裝程式碼和重用程式碼。對於本章中描述的工作佇列模式也是如此。除了重用容器以驅動工作佇列本身的模式之外，還可以重用多個不同的容器來構成工作程序實作。例如，假設要對特定工作佇列項目執行三種不同類型的工作；例如，可能希望檢測圖像中的臉部，使用標識標記這些臉，然後模糊圖像中的臉。可以寫一個獨立工作程序來執行這一整套任務，但這是個特製的解決方案，下次想要識別其他東西（例如汽車）時，仍然無法重複使用，但同樣的模糊功能仍會提供。

為了實現這種程式碼再利用，多重工作單元模式（Multi-Worker Pattern）是前面章節中描述的適配器模式（Adapter Pattern）的特製化。在這種情況下，多重工作單元模式將不同工作容器的集合，轉換為實踐工作程序介面的單個統一容器，但將實際工作委託給不同的可重用容器的集合。此過程如圖 10-5 所示。

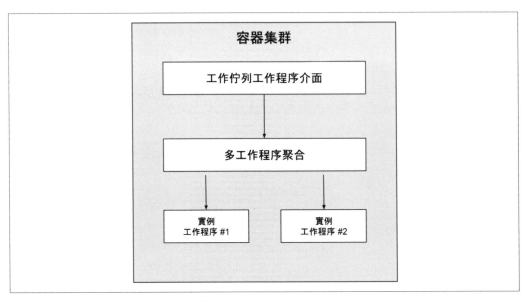

圖 10-5　多重工作單元聚合模式當容器集群

由於這種程式碼再利用，多個不同工作容器的組合，意味著增加了程式碼再利用，並減少了設計批次導向（batch-oriented）分散式系統人員的工作量。

## 第十一章

事件驅動批次處理程序

前一章介紹了工作佇列處理（Work Queue Processing）的通用框架，以及簡單工作佇列處理的範例應用程式。工作佇列非常適合將單一輸入轉換為單一輸出。但是，有許多批次處理應用程式要執行多個動作，或者可能需要從單個資料輸入生成多個不同的輸出。這種案例，你會開始把工作佇列串接在一起，以便一個工作佇列的輸出，傳送給一個或多個工作佇列的輸入，依此類推。這形成了一系列響應事件的處理步驟，事件是在它之前的工作佇列中完成前一步驟。

這類事件驅動的處理系統通常被稱為工作流程（*Workflow*）系統，因為透過方向性、非循環圖有一個工作流程，描述了各個階段及其協作。圖 11-1 描述了這種系統的基本圖示。

這種類型的系統最直接的應用只是將一個佇列的輸出串接到下一個佇列的輸入。但隨著系統變得越來越複雜，有一系列不同的模式可以將一系列工作佇列串接在一起。理解和設計這些模式對於懂得系統的工作方式非常重要。事件驅動批次處理的運作類似於事件驅動的 FaaS（參閱第八章）。因此，如果沒有關於不同事件佇列如何相互關聯的總體藍圖概念，則很難完全理解系統的運行方式。

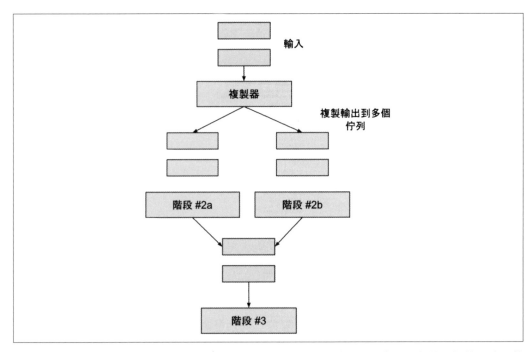

圖 11-1　這工作流程將複製工作程序到多個佇列（階段 2a、2b），平行處理這些佇列裡的任務，然後合併結果回到單一個佇列任務裡（階段 3）。

事件處理程序的模式

除了上一章中描述的簡單工作佇列外，還有許多用於將工作佇列串接在一起的模式。最簡單的模式：「單個佇列的輸出成為第二個佇列的輸入」，這很簡單，所以不會在這裡介紹。我們將描述涵蓋多個不同佇列的協作或調整一個或多個工作佇列的輸出的模式。

複製器（Copier）

協作工作佇列（Coordinating Work Queue）的第一種模式是複製器（Copier）。複製器的工作是取得單個工作項目流程，並將其複製到兩個或多個相同的流程中。當在同一工作項上有多個不同的工作要做時，這個模式很有用。一個例子是渲染（Rendering）^{譯註 1}影片。渲染影片時，根據影片的顯示位置，有多種不同的格式非常有用。可能有 4K 高解析度格式，用於放置硬碟中播放，1080p 用於數位串流，低解析度用在慢速網路的行動用戶串流，還有用於顯示 GIF 預覽動畫，使用者可以選擇影片。所有這些工作項目都可以建模為每個渲染的單獨工作佇列，但每個工作項目的輸入是相同的。應用於轉碼的複製器模式的圖示如圖 11-2 所示。

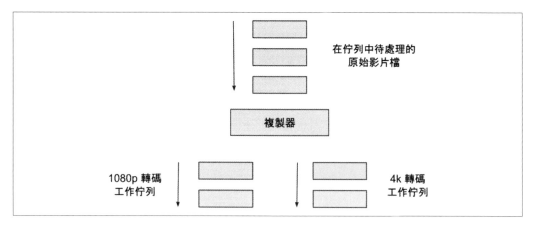

在佇列中待處理的原始影片檔

複製器

1080p 轉碼工作佇列

4k 轉碼工作佇列

圖 11-2 對轉碼的複製批次模式

過濾器（Filter）

第二個事件驅動批次處理的模式是過濾器（Filter)。過濾器的用途是透過過濾不符合特定條件的工作項目，將工作減少到較小的工作串流。舉例來說，假設要配置批次處理工作流程，用以處理註冊服務的新使用者。部分的使用者會點選複選欄（Checkbox），表示他們希望透過電子郵件聯絡，以獲取促銷和其他訊息。類似這樣的工作流程，可以將新註冊用戶集合，篩選為明確選擇聯繫的用戶。

譯註 1　Render 是電腦繪圖用詞，用軟體的模型演算法針對影像、圖檔過濾與處理。這個詞也經常用在處理動態產生圖形介面的過程，像是產生前端網頁產生的過程、動態產生 GUI 介面…等，都會使用 Render 作為動詞。

理想情況下，可以將過濾器工作佇列來源，重新組成大使模式，放入現有工作佇列來源。原始來源容器提供要處理的項目完整列表，然後篩選容器根據篩選條件調整該列表，並僅將這些篩選結果返回到工作佇列基礎結構。圖 11-3 顯示了適配器模式（Adapter Pattern）的使用範例。

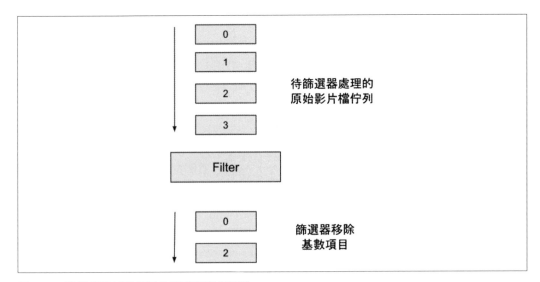

圖 11-3　移除基數任務項目的篩選器模式範例

拆分器（Splitter）

有時候，不只是想過濾掉不需要的東西，而是工作項目有兩種不同的輸入，你想把它們分成兩個獨立的工作佇列，每個都處理。針對這樣的任務，需要使用拆分器（Splitter）。拆分器的作用是評估一些標準，就像過濾器一樣，但不會消去輸入工作項目，拆分器依據不同的條件，向不同的佇列發送不同的輸入。

拆分器模式應用的範例是處理線上訂單，其中人們可以透過電子郵件或文字訊息接收運送通知。給定已發送項目的工作佇列，拆分器將其劃分為兩個不同的佇列：一個負責發送電子郵件，另一個負責發送文字訊息。如果拆分器將相同的輸出發送到多個佇列，例如當使用者在前面範例中，同時選擇文字訊息和電子郵件通知時，拆分器也可以是複製器。有趣的是，拆分器實際上也可以由複製器和兩個不同的過濾器實現。但是拆分器模式是一種更嚴謹呈現方式，可以更簡潔地捕獲拆分器的工作。使用拆分器模式向使用者發送出貨通知的範例，如圖 11-4 所示。

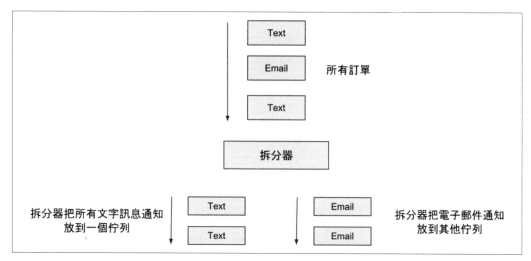

圖 11-4　批次拆分器模式拆分出貨通知到不同的佇列的例子

分片器（Sharder）

稍微更加通用的拆分器形式是分片器（Sharder）。與前面章節中看到的分片伺服器（Sharded Server）非常相似，分片器在工作流程中的作用，是根據某種**分片功能**（*Sharding Function*），將單個佇列劃分為均勻分佈的工作項集合。有很多因素會讓人考慮將工作流程做分割。第一個原因是針對可靠性（Reliability）。如果對工作佇列進行分片，當由於更新錯誤、基礎設施故障，或其他問題導致的單一工作串流失敗，只會影響一小部分服務。

例如，假設將有問題的更新部署到工作容器，這項錯誤會導致工作程序崩潰，而且佇列停止處理工作項目。如果只有一個處理項目的工作佇列，那麼所有用戶都會被影響，因而完全停止服務。相反地，如果將工作佇列分成四個不同的分片，則有機會分階段部署新的工作容器。假設在分階段部署的第一階段收到故障，將佇列分成四個不同的分片，意味著只有四分之一的用戶會受到影響。

對工作佇列進行分片的另一個原因，是在不同資源之間更均勻地分配工作。如果你並不在乎使用哪個區域或資料中心來處理特定的工作項目集合，則可以使用分片器在多個資料中心之間均勻分佈工作，以均勻利用所有資料中心／區域。與更新一樣，將工作佇列分散在多個故障區域中，也可以提供針對資料中心或區域故障的可靠性。

當一切正常工作時，分片佇列的圖示如圖 11-5 所示。

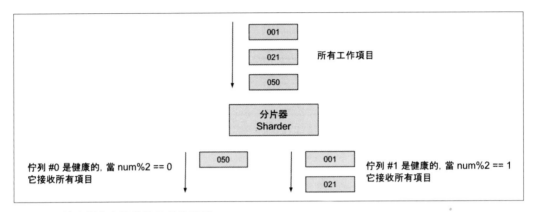

圖 11-5　健康操作中的分片模式的範例

當由於故障而減少健康分片的數量時，分片演算法會動態調整，將工作發送到剩餘的健康工作佇列，即使只剩下一個佇列也是如此。如圖 11-6 所示。

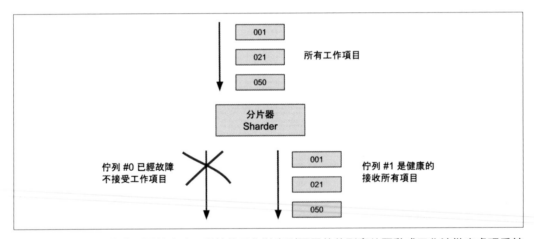

圖 11-6　當一個工作佇列不健康時，剩餘的工作溢出到不同的佇列事件驅動或工作流批次處理系統的最後一個模式是合併

合併器（Merger）

事件驅動批次處理程序的最後一個模式是合併器。合併器（*Merger*）與複製器（Copier）相反。合併的工作是取得兩個不同的工作佇列，然後將它們轉換為單個工作佇列。例如，假設有大量不同的程式碼儲存庫（Source Repositories），它們同時增加了新的提交。你必須取得每個提交，並為其執行建置和測試。每個程式碼儲存庫放在單獨建置基礎設施，這是無法擴展的。

我們可以將每個不同的程式碼儲存庫，在使用者送出一組提交，配置為一個單獨的工作佇列來源。然後可以使用合併適配器，將所有這些不同的工作佇列輸入轉換為單個合併的輸入集合。然後，這個合併的提交串流是執行實際建置的建置系統的單一來源。

合併器是適配器模式（Adapter Pattern）的另一個很好的例子，但在這種情況下，適配器實際上是將多個正在運行的來源容器，調整為單個合併來源。這種多適配器模式（Multi-Adapter Pattern）如圖 11-7 所示。

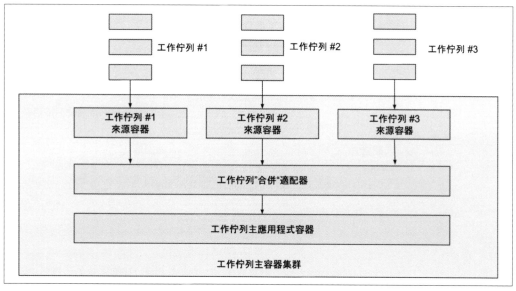

圖 11-7　使用多層級容器，將多個獨立工作佇列調整為單個共享佇列

實作：為新使用者註冊建置一個事件驅動流程

工作流程的具體範例，有助於呈現如何將這些模式組合在一起以形成完整操作系統。此範例將考量的問題是新用戶註冊流程。

用戶註冊途徑有兩個階段。首先是使用者驗證。新使用者註冊後，他必須收到電子郵件通知，以確認其電子郵件。一旦用戶驗證了他們的電子郵件，他就會收到一封確認電子郵件。然後，他可選擇註冊電子郵件、簡訊、兩者或兩者都沒有通知。

在事件驅動工作流程的第一步，是產生驗證電子郵件。為了可靠地實作這一目標，我們將使用分片模式，在多個不同的地理故障區域中對用戶進行分片。這確保即使有部分故障，也將繼續處理新的使用者註冊。每個工作佇列分片都會向終端使用者發送確認信（電子郵件）。此時，工作流程的這個子階段已完成。流程的第一階段如圖 11-8 所示。

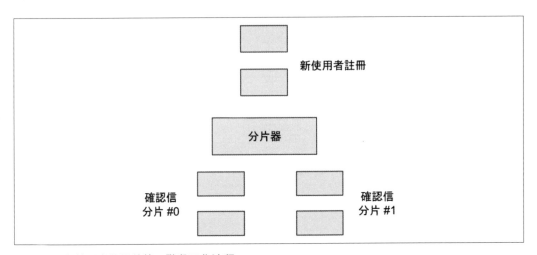

圖 11-8　為使用者註冊的第一階段工作流程

當我們收到使用者的驗證電子郵件時，工作流程將再次開始。這些電子郵件成為單獨（但明顯相關）工作流程中的新事件，可發送歡迎電子郵件並設定通知。此工作流程的第一階段是複製器模式的範例，其中使用者被複製到兩個工作佇列中。第一個工作佇列負責發送歡迎電子郵件，第二個工作佇列負責設置用戶通知。

一旦工作項目在佇列之間重複，電子郵件發送佇列就會負責發送電子郵件訊息，並退出工作流程。但請記住，由於使用了複製器模式，我們的工作流程中還有一個活動的額外複本。此複製器會觸發其他工作佇列來處理通知設定。此工作佇列將提供過濾器模式的範例，該過濾器模式將工作佇列拆分為單獨的電子郵件和文字訊息通知佇列。這些佇列向使用者註冊電子郵件、文字訊息，或兩者通知。

此工作流程的其餘部分如圖 11-9 所示。

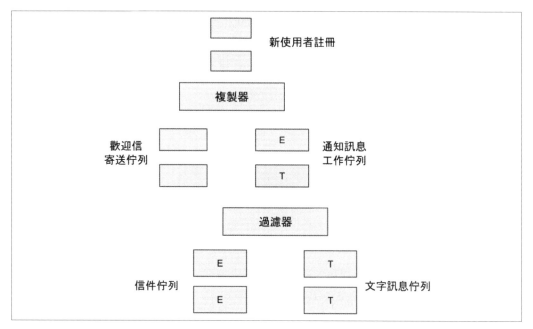

圖 11-9　使用者通知以及歡迎訊息工作佇列

發佈者 / 訂閱者的基礎架構

我們已經看到了各種抽象模式，用於將不同的事件驅動批次處理模式串連在一起。但是，當實際建置這樣一個系統時，需要清楚如何管理透過事件驅動工作流程傳遞的資料串流。最簡單的方法是，直接將工作佇列中的每個元素寫入本地文件系統上的特定目錄，然後讓每個階段監視（Monitor）^{譯註 2} 該目錄以進行輸入。

但當然，使用本地檔案系統執行此操作，會將我們的工作流程限制在單個節點上運行。可以引入一個網路檔案系統來將檔案分散到多個節點，但這在程式碼和批次處理工作流程的部署中引入了越來越高的複雜性。

譯註 2　「監視」原文是 monitor，中文慣稱「監控」，中文字義包含 Observe（觀測）與 Monitor（控管）兩個語意，依照前後文會有所差異。

相反地，建置這種工作流程的流行方法是發佈者 / 訂閱者（publisher/subscriber，常簡寫成 pub/sub）API 或服務。pub/sub API 允許用戶定義佇列集合（有時稱 topics）。

一個或多個發佈者（*publishers*）將訊息發送到這些佇列。同樣，一個或多個訂閱者正在監聽這些佇列以取得新訊息。當訊息被發佈時，它被佇列可靠地儲存，並隨後以可靠的方式傳遞給訂閱者。

此時此刻，大多數公有雲都具有 pub/sub API，像是 Azure 的 EventGrid 或 Amazon 的 Simple Queue Service（SQS）。此外，開源 Kafka 項目（*https://kafka.apache.org*）提供了一個非常流行的 pub/sub 實現，可以在自己的硬體和雲端虛擬機上運行。對於 pub/sub API 簡述的部分，我們將使用 Kafka 作為範例，因為將它們移植到備用 pub/sub API 是相對簡單。

實作：部署 Kafka

部署 Kafka 有很多方法，其中一種最簡單的方法是使用 Kubernetes 集群將其作為容器運行環境，加上 Helm 套件管理器。

Helm 是 Kubernetes 的套件管理器，可以輕鬆部署和管理像 Kafka 這樣預先打包的應用程式。如果你尚未安裝 helm 指令行工具，則可以從這個網站安裝：*https://helm.sh*。

在機器上裝好 helm 後，需要初始化它。初始 Helm 會部署一個叢集元件在機器裡，同時也會安裝一些 helm 樣板到檔案系統，這個元件叫做 tiller。初始 helm 如下指令：

```
helm init
```

現在已初始化 helm，使用以下指令安裝 Kafka：

```
helm repo add incubator http://storage.googleapis.com/kubernetes-charts-incubator
helm install --name kafka-service incubator/kafka
```

 Helm 樣板具有不同層級的正式版（Production）強化和支援。穩定版（stable）樣板是最嚴格的審查和支援，而像 Kafka 這樣的孵化器樣板更具實驗性，距離正式版的程度還很遠。無論如何，孵化器樣板對於概念的快速驗證，以及實踐 Kubernetes 基礎服務的正式版部署非常有用。

啟動並運行 Kafka 後，可以建立要發佈到的 topic。通常在批次處理中，會使用 topic 來描述工作流程中一個模組的輸出。此輸出可能是工作流程中另一個模組的輸入。

例如，如果使用前面描述的分片器模式，則每個輸出分片都有一個 topic。如果叫用輸出照片，並選擇了三個分片，那麼將有三個主題：Photos-1、Photos-2 和 Photos-3。在使用分片功能後，分片模組會將訊息輸出到對應的 topic。

以下是建立 topic 的方法。首先，在叢集中建立一個容器，讓我們可以存取 Kafka：

```
for x in 0 1 2; do
  kubectl run kafka --image=solsson/kafka:0.11.0.0 --rm --attach --command -- \
    ./bin/kafka-topics.sh --create --zookeeper kafka-service-zookeeper:2181 \
      --replication-factor 3 --partitions 10 --topic photos-$x
done
```

請注意，除了 topic 名稱和 zookeeper 服務之外，還有兩個有趣的參數，它們是 --replication-factor（複本條件）和 --partitions（分區數）。複本條件是指在 topic 訊息中的有多少不同機器的訊息將會被複製。這是在崩潰事件時可用的冗餘。建議值為 3 或 5。第二個參數是 topic 的分區數。分區數表示主題在多台機器上的最大分佈，以實現負載平衡。在這種情況下，由於有 10 個分區，因此主題最多可以有 10 個不同的複本用於負載平衡。

現在我們已經建立了一個 topic，可以向該 topic 發送訊息：

```
kubectl run kafka-producer --image=solsson/kafka:0.11.0.0 --rm -it --command -- \
    ./bin/kafka-console-producer.sh --broker-list kafka-service-kafka:9092 \
    --topic photos-1
```

一旦該指令啟動並連接，應該看到 Kafka 提示，然後就可以向 topic 發送訊息。要接收訊息，可以運行底下指令：

```
kubectl run kafka-consumer --image=solsson/kafka:0.11.0.0 --rm -it --command -- \
    ./bin/kafka-console-consumer.sh --bootstrap-server kafka-service-kafka:9092\
    --topic photos-1 \
        --from-beginning
```

當然，執行這些指令行只讓你體驗如何透過 Kafka 訊息進行通訊。要建置一個真實的事件驅動的批次處理系統，可能會使用適當的程式語言和 Kafka SDK 來存取該服務。但另一方面，永遠不要低估 Bash 腳本的力量！

本節介紹了如何將 Kafka 安裝到 Kubernetes 叢集中，然後簡化了建置基於工作佇列系統的任務。

## 第十二章

協作批次處理程序

前一章介紹了一些模式,用於將佇列拆分和連結在一起,以實作更複雜的批次處理程序。複製和產生多個不同的輸出,通常是批次處理的重要部分,但有時將多個輸出拿回放一起,用來產生某種聚合結果,是同樣重要的。這種模式的說明如圖 12-1 所示。

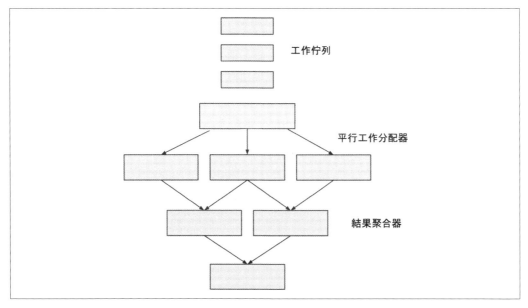

圖 12-1 平行工作分配和結果聚合批次處理系統

可能這種聚合的最典型範例是 MapReduce 模式的 *reduce* 部分。不難看出，對應的步驟是分片工作佇列的範例，而 reduce 步驟是協調處理的範例，最後將大量的產出減少到單個聚合響應。但是，批次處理有許多不同的聚合模式，除了實際應用之外，本章還討論了其中的一些模式。

結合（Join，或稱同步屏障）

在前面的章節中，我們看到了分解工作，並在多節點上平行分散的模式。特別是，看到了分片工作佇列，如何將工作平行分配給許多不同的工作佇列分片。但是，有時在處理工作流程時，在進入工作流程的下一個階段之前，必須有完整的工作項目集合。

在前一個章節已經顯示一個作法，那就是把多個佇列合併在一起。但是，合併只是將兩個工作佇列的輸出，混合到一個工作佇列中，然後進行其他額外處理。雖然合併模式在某些情況下能滿足需求，但它無法確認在開始處理之前，已經有完整的資料集合。這表示無法保證正在執行的處理程序的完整性，也無法計算已處理的所有元素的聚合統計訊息。

相反的，我們需要一個更強大的、協作的原生（Primitive）方式，用來進行批次處理資料處理，而原生程序是結合模式（Join Pattern）。結合（Join）類似於加入執行緒。基本想法是所有工作都是同步進行的，但是在完成平行處理的所有工作項目之前，工作項目不會從結合中釋放出來。這通常也稱為並行編程（Concurrent Programming）中的**屏障同步**（*Barrier Synchronization*）。圖 12-2 顯示了協作批次處理的結合模式的圖示。

透過結合模式的協作，可以確保在執行某種排序聚合階段之前，不會遺失資料。例如查詢集合裡，某些值的總和。結合模式的價值，是確保集合中所有資料都是存在的。它的缺點，是需要在後續計算開始之前，前一個階段必須處理好所有資料。這降低了批次處理工作流程中可能存在的平行性，從而增加了運行工作流程的總體延遲。

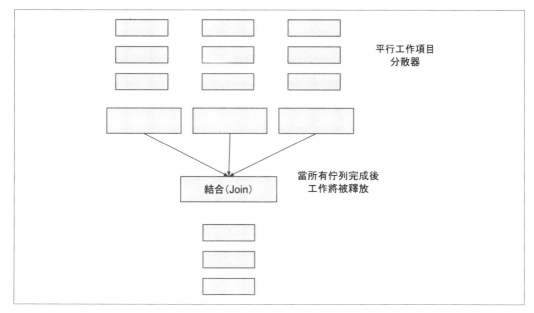

圖 12-2　批次處理程序的結合模式

歸納（Reduce）

如果分片工作佇列是典型 map/reduce 演算法[譯註1] 對映階段的範例，那麼剩下的是歸納（*Reduce*）階段。Reduce 是個協作批次處理模式的例子，因為它可以發生在不管輸入如何被拆分，且它的使用類似於結合（*join*）；也就是說，將不同批次處理運作的平行輸出，分組在不同的資料上。

然而，與前面描述的結合模式相反，Reduce 的目的不是等所有資料都被處理好，而是樂觀地將所有平行資料項目，合併到一個完整集合裡做單一呈現。

使用歸納模式（Reduce Pattern），reduce 中的每個步驟將幾個不同的輸出合併為一個輸出。此階段稱為 "reduce"（歸納），因為它減少了輸出總數。此外，它還減少了來自於完整資料的項目，漸化了必要資料的呈現，特別是處理特定批次運算的答案。由於歸納階段的執行是在範圍的輸入，並產生類似的結果，為了將整個資料集合成功將輸出降低到單一個輸出，歸納階段可重複和必要的次數一樣多，或者一樣少。

譯註1　Map（對映）與 Reduce（歸納）是 Google 提出的大數據處理運算概念。GFS、BigTable、MapReduce 三篇論文是影響分散式系統實作的重要理論。

這與上一段的結合模式（Join Pattern）形成了相對好運的對比，因為它不像 join，它意味著 reduce 可以平行啟動，同時處理的任務是正在進行中，且為 map/shard 階段的一部分。當然，為了產生完整的輸出，所有資料最終都需要處理，但有能力提早開始，代表著批次運算整體上執行得更快。

實作：計數（Count）

要了解 reduce 模式的工作原理，考量計算一本書裡，特定單字總數的任務。可以先使用分片方法，將計算單字的工作分成許多不同的工作佇列。例如，可以建立 10 個不同的分片工作佇列，其中 10 個不同的人負責計算每個佇列中的單字。可以透過查詢頁數，取得他們在這 10 個工作佇列中分頁。以數字 1 結尾的所有頁面將轉到第一個佇列，以數字 2 結尾的所有頁面將轉到第二個，依此類推。

一旦所有人都完成了他們的頁面處理，他們就會在一張紙上寫下他們的結果。例如，他們可能會寫：

```
a: 50
the: 17
cat: 2
airplane: 1
...
```

這可以輸出到 reduce 階段。請記住，透過將兩個或多個輸出組合到單個輸出中，可以減少 reduce 模式。

給定第二個輸出：

```
a: 30
the: 25
dog: 4
airplane: 2
...
```

透過總結各個單字的所有計數來進行歸納，在此範例中產生：

```
a: 80
the: 42
dog: 4
cat: 2
airplane: 3
...
```

很明顯，這個歸納階段可以在先前歸納階段的輸出上重複執行，直到只剩下一個減少的輸出。這個的價值就是可以平行執行歸納。

最後，在此例中，可看到 reduce 的輸出將是單個輸出，其中包含書中各種單字的計數。

總和（Sum）

類似但略有不同的歸納形式，是不同數值集合的總和（Sum）。跟計數（Count）不同的是，這並不是計算值的數量，而是將原始輸出資料中存在的值加總。例如，想要總結美國的人口數，假設要測量每個城鎮的人口，然後將這些數字加總在一起。

第一步是將工作分成城鎮的工作佇列，按州劃分。第一個分片這樣分是很棒的，但很明顯，即使平行的分散，也需要一個人，長時間的計算每個城鎮的人數。因此，我們對另一組工作佇列執行第二次分片，這次是依照縣級別。

在這一點上，首先平行分散到州的級別，然後是縣，然後每個縣的每個工作佇列產生（城鎮、人口）清單^{譯註 2} 的輸出串流。

現在正在產生輸出，reduce 模式可以啟動。

在這個案例，reduce 甚至不需要知道執行兩個層級的分片。簡化就可以直接獲取兩個或更多輸出項，例如 (Seattle, 4,000,000) 和 (Northampton, 25,000)，並將它們相加以產生新輸出 (Seattle-Northampton, 4,025,000)。很明顯，與計數一樣，這種 reduce 可以執行任意次數，每個間隔執行相同的程式碼，最後，只有一個包含完整美國人口的輸出。重要的是，幾乎所有需要的運算都是平行發生的。

直方圖（Histogram）

作為 reduce 模式的最後一個例子，假如要在透過平行分片、mapping 和 reduce 計算美國人口時，我們也想建立一個普通美國家庭的模型。為此，我們希望開發一個家庭大小的直方圖（Histogram）；也就是說，一個估算零到 10 個小孩家庭總數的模型。我們將完全像以前一樣，執行多層級分片（事實上，可能會使用相同的工作程序）。

譯註 2　原文為 tuple，在 python 裡是類似於 list 的資料結構，差異在於屬於不可變動的（immutable）。

但是，這次，資料收集階段的輸出是每個城鎮的直方圖，如下：

```
0: 15%
1: 25%
2: 50%
3: 10%
4: 5%
```

從前面的例子中可以看到，如果使用 reduce 模式，應該能夠將這些所有的直方圖結合起來，以便全面了解美國。乍看之下，有點難理解如何合併這些直方圖，但是與總和範例中的總體資料結合時可以看到，如果將每個直方圖乘以其相對總體，那麼可以獲得總人口對於要合併的每個項目。如果將這個新總和除以合併總體的總和，明顯可以將多個不同的直方圖合併，並更新為單個輸出。由於此，可以根據需要多次用 reduce 模式，直到產生單個輸出。

實作：影像標記與處理流水線程序

本節將以標記和處理一組圖檔的工作來說明如何使用協調的批次處理來完成更大的批次處理任務。假設在高峰時段有大量高速公路截圖，我們想要計算汽車、卡車和摩托車的數量，以及每輛車的顏色分佈。我們還假設第一個步驟是模糊所有汽車的車牌以保持匿名。

這些圖檔透過 HTTPS URL 傳遞，其中每個 URL 都指向一個原始圖檔。流水線程序的第一個階段是找到車牌，同時把它模糊掉。為了簡化工作佇列中的每個任務，有個工作程序負責檢測車牌，第二個工作程序模糊影像中的該位置。我們將使用前一章中描述的多工作模式，然後將這兩個不同的工作容器組合到一個容器集群中。這種關注點的分離似乎是不必要的，但考慮到可以重複使用模糊影像的工作程序來模糊其他輸出（例如人的臉部），這是很有用的。

此外，為了確保可靠性和最大化平行處理，我們將在多個工作佇列中對圖檔進行分片。圖 12-3 顯示了分片圖檔模糊的完整工作流程。

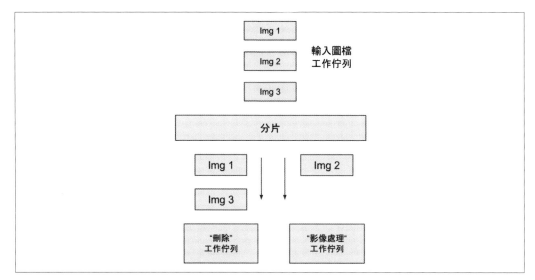

圖 12-3　分片工作程序佇列和多模糊程序分片

每個圖檔經過模糊後上傳，然後刪除原始檔案。但是，為了能夠在出現災難性故障時，可以重新執行整個流水線程序，我們希望在完成所有圖檔的模糊化之後，再刪除原始圖檔，因此，為了等待 *所有* 模糊程序完成，我們使用 join 模式將所有分片模糊工作佇列的合併輸出到一個佇列中，該佇列僅在所有分片完成工作後才釋放其項目。

現在準備刪除原始圖檔，並開始研究汽車模型和顏色檢測。同樣的，我們希望最大化此流水線程序的吞吐量，因此將使用前一章中的複製器（Copier）模式將工作佇列項複製到兩個不同的佇列：

- 刪除原始圖檔的工作佇列
- 用於識別車輛類型（汽車、卡車、摩托車）和車輛顏色的工作佇列

圖 12-4 顯示了處理流水線的這些階段。

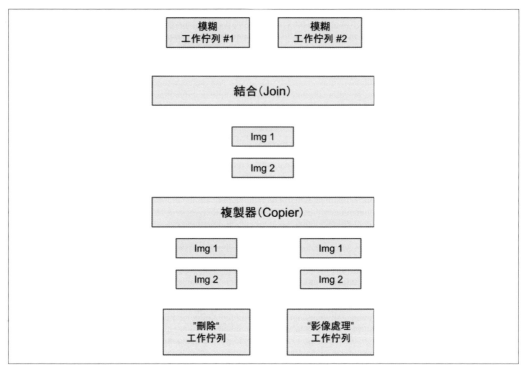

圖 12-4　流水線程序輸出的結合、複製器、刪除、和影像辨識部分

最後，我們需要設計識別車輛和顏色的工作佇列，並將這些統計資料匯總到計數器。為此，首先再次使用分片模式將工作分配給多個佇列。每個佇列中都有兩個不同的工作程序：一個用於識別每個車輛的位置和類型，另一個用於識別區域的顏色。我們使用前一章介紹的多工作模式再次將它們連接在一起。和以前一樣，將程式碼分離到不同的容器中，讓我們能夠將顏色檢測容器重用於多個任務，而不僅僅是識別汽車的顏色。

此工作佇列的輸出是一個 JSON 資料，如下：

```
{
  "vehicles": {
    "car": 12,
    "truck": 7,
    "motorcycle": 4
  },
  "colors": {
    "white": 8,
```

```
            "black": 3,
            "blue": 6,
            "red": 6
        }
    }
```

這個資料表示在單一圖檔中找到的訊息。為了將所有這些資料整合在一起，將使用前面描述的 reduce 模式，並用 MapReduce 將所有內容相加，就像在上面的計數範例中所做的那樣。最後，這個 reduce 流水線階段產生了在整個圖檔集中找到的圖檔和顏色的最終計數。

## 第十三章

結論：一個新的開始？

每家公司，不管是怎麼開始的，最後都將成為一家資料數據公司。這種轉變需要交付 API 和服務，以提供行動應用程式、物聯網（IoT）中的設備，甚至自動駕駛車輛和系統使用。這些系統越來越重要，這意味著必須為這些線上系統建置冗餘、容錯和高可用性。同時，業務需求需要快速、靈活地開發和推出新軟體，迭代現有應用程式，或嘗試新的使用者介面和 API。這些要求總結出：需要構建的分散式系統數量增加了一個數量級。

建置這些系統的任務仍然非常困難。開發、更新和維護這樣一個系統的總成本太高了。同樣，具有建置這樣應用程式的能力和技能的人員太少，無法滿足不斷增長的需求。

從歷史上看，當這些情況呈現在軟體開發和技術，出現了新的抽象層和軟體開發模式，使建置軟體更快、更容易、更可靠。這首先發生在第一批編譯器和編程語言的開發上。後來，開發了物件導向程式語言和託管程式碼。同樣的，在這些階段的每一個時刻，技術發展把專家的知識和實踐的提煉結合到一系列演算法和模式中，這些演算法和模式可以讓更多的人參與群體使用。技術的進步與模式的建立相結合，使得軟體開發過程民主化，並延伸了一群開發人員，讓他們可以在新平台上建置應用程式。這反過來又導致了更多應用程式和應用程式多樣性的發展，然後擴大了這些開發人員技能的市場。

我們再次發現自己處於技術轉型的時刻。對分散式系統的需求，遠遠超過提供它們的能力。還好技術的發展產生了另一套工具，可以進一步延伸開發人員建置分散式系統的能力。容器和容器編排器的最新發展帶來了可以快速、輕鬆地開發分散式系統的工具。幸好這些工具與本書中描述的模式和實踐相結合，可以增強和改進目前開發人員建置的分散式系統。更重要的是，開啟一個新能力，這將延伸開發人員的能力，讓他們能夠建置這樣的系統。

像邊車（Sidecars）、大使（Ambassadors）、分片服務（Sharded Services）、FaaS、工作佇列（Work Queues）等模式可以構成現代分散式系統的基礎。分散式系統開發人員不應再像個人一樣從頭開始建置系統，而是在規範模式的可重用，共享實作上進行協作，這些模式構成了我們共同部署的所有系統的基礎。這將使我們能夠滿足當今可靠、可擴展的 API 和服務的需求，並為未來提供一套新的應用程式和服務。

索引

關於作者

Brendan Burns 是一位傑出的工程師，Kubernetes 開源專案的共同創始人。目前任職於微軟，專注於 Azure 雲端服務上的容器技術和 DevOps。加入微軟之前，他在 Google 雲端平台（GCP）工作，協助建置部署管理器和雲端 DNS 等 API。在從事雲端運算工作之前，曾在 Google 負責搜尋引擎基礎架構，專注於低延遲索引。他擁有阿姆赫斯特（Massachusetts Amherst）計算機科學博士學位，主修機器人學。目前與家人住在西雅圖。

出版記事

本書封面上的動物是爪哇文鳥（Java sparrow）。這種鳥被農民視為害鳥，但是在寵物市場極受歡迎。爪哇文鳥學名是 Padda oryzivora。Padda 代表水稻和種植的方法，Oryza 是水稻的種類。因此，*Padda oryzivora* 意味著 "稻穀食客"。農民為了防止野生文鳥吞食他們的農作，每年獵捕成千上萬的野生文鳥。農民獵捕這種鳥作為食物，或是出口販售。儘管如此，該物種在印度尼西亞的爪哇島和峇里島、以及澳大利亞、墨西哥和北美依舊蓬勃發展。

文鳥的羽毛呈珍珠灰色，胸前為粉紅色，尾巴則是白色。牠有顆黑色的頭配上白色的臉頰，鳥啄、雙腿和眼圈都是亮粉色。文鳥的鳴唱聲一開始是宛如鐘聲般的單音，之後漸漸變成連續的顫音和咯咯聲，混合著高亢和深邃的音調。

牠們的主食是稻米，但也吃小的種子、草、昆蟲和開花植物。在野外，這些鳥類通常在建築物屋頂下、或灌木叢或樹梢下用乾草築巢。每年的二～八月是文鳥的繁殖期，其中以四、五月為高峰期，每次可以產下三～四顆蛋。

文鳥因為羽色漂亮、聲音好聽，而且容易飼養，所以在寵物市場中需求龐大。目前的保育工作重點是確保人工繁殖能夠滿足市場需求，而非透過野生捕捉。

O'Reilly 書籍封面上的許多動物都面臨瀕臨絕種的危機；牠們都是這個世界重要的一份子。如果想瞭解您可以如何幫助牠們，請拜訪 *animals.oreilly.com* 以取得更多訊息。

封面圖片來自 Lydekker 的《*Royal Natural History*》。

分散式系統設計

作　　者：Brendan Burns
譯　　者：Rick Hwang (黃冠元)
企劃編輯：莊吳行世
文字編輯：王雅雯
設計裝幀：陶相騰
發 行 人：廖文良

發 行 所：碁峰資訊股份有限公司
地　　址：台北市南港區三重路 66 號 7 樓之 6
電　　話：(02)2788-2408
傳　　真：(02)8192-4433
網　　站：www.gotop.com.tw
書　　號：A583
版　　次：2019 年 05 月初版
建議售價：NT$480

國家圖書館出版品預行編目資料

分散式系統設計 / Brendan Burns 原著；黃冠元譯. -- 初版. -- 臺
北市：碁峰資訊, 2019.05
　　面；　公分
　　譯自：Designing Distributed Systems: patterns and paradigms
for scalable, reliable services
　　ISBN 978-986-502-077-4(平裝)
　　1.作業系統
312.54　　　　　　　　　　　　　　　　　　108003580

讀者服務

● 感謝您購買碁峰圖書，如果您對本書的內容或表達上有不清楚的地方或其他建議，請至碁峰網站：「聯絡我們」\「圖書問題」留下您所購買之書籍及問題。(請註明購買書籍之書號及書名，以及問題頁數，以便能儘快為您處理）
http://www.gotop.com.tw

● 售後服務僅限書籍本身內容，若是軟、硬體問題，請您直接與軟體廠商聯絡。

● 若於購買書籍後發現有破損、缺頁、裝訂錯誤之問題，請直接將書寄回更換，並註明您的姓名、連絡電話及地址，將有專人與您連絡補寄商品。